LE CORBUSIER
ASILE FLOTTANT

アジール・フロッタンの奇蹟II ― セーヌ川の氾濫とコロナ禍を超えて ―

遠藤 秀平 ENDO Shuhei

LE CORBUSIER
ASILE FLOTTANT

2017

セーヌ川右岸より左岸に係留されるアジール・フロッタンを見る

中央部から船首方向、エントランス階段を見る

目次

はじめに

　通称「アジール・フロッタン」。浮かぶ避難所はこれまで100年ほどの間セーヌ川に浮かび、2018年に水没、2020年奇蹟のように再び浮上した。

　「リエージュ号」の名で1919年に石炭船として建造され、1929年世界恐慌の年に「ルイーズ・カトリーヌ号」と船名を改め難民救済のための空間として生まれ変わった。1995年からは避難所としての使命を終え、新たな再生の途上にあった。この100年の間に幾多の危機に遭いつつも、このたぐいまれな浮かぶ建築とも言える空間がル・コルビュジエにより構想され、そのアトリエにいた前川國男の担当によってリノベーションされ、現代まで維持されたことは奇蹟的であり、日本の現代建築の源流を示す貴重な証の一つと言える。

　「アジール・フロッタン」が生み出された背景には、20世紀初頭のパリにおけるレ・ザネ・フォル期の異邦人たちの熱い想いが秘められている。そこには世界的企業となったシンガーミシン社の一族であるウィンナレッタ・シンガー・ポリニャックや、日本からパリ国際大学都市に日本館（薩摩館）を贈った薩摩治朗八、そのほか彼らの近くで活動した様々な人間模様が絡み合っている。

　私も不思議な出会いによりその一端に絡め取られ、「アジール・フロッタン」の物語を残すため、この書を世に送り出すことになった。私とこの船との接点は2005年から15年ほどであるが、この間パリでこれを後世に伝えようとする5人の想いに背中を押されてきた。これまでの関与によって、最初は深くは知らなかった「アジール・フロッタン」誕生の背景をより知るようになり、今は彼らとその想いを共有している。特に2018年2月にセーヌ川が増水したことで、船が岸に接触し水没した後の変化は目まぐるしい。水没した「アジール・フロッタン」は、2020年10月19日に浮上、復活した。

　奇蹟のように復活した「アジール・フロッタン」が、世界の難民問題や未知なるウイルスの脅威に直面する我々にとって、その難題を克服する糸口となることを願っている。そして、本書に記す数奇な物語から、これからの建築の可能性を考える手がかりを読み取ってもらえれば嬉しい。

船尾方向からセーヌ川上流を見る。奥に見えるのは、オステルリッツ高架橋

セーヌ川上流からオステルリッツ高架橋越しに舳先を見る

右岸上流よりオステルリッツ高架橋越しに船全景を見る

LOUISE-CATHERINE

ARMÉE DU SALUT

船体側面を見る

中央部内観。ハイサイドライトから柔らかな光が降り注ぐ

板構造の側壁に照明が点灯された状態

1919-

アジール・フロッタンの歴史的背景

石炭船リエージュ号

　「アジール・フロッタン」とは、元々、1919年につくられた石炭を運ぶための鉄筋コンクリート製の平底船であった。第1次世界大戦中、ドイツ軍侵攻に応戦したフランスでは石炭が不足していた。生命線である石炭をパリへ補給するには、ロンドンからの海路とセーヌ川を遡上するしか輸送の道が残されていなかった。そこで、この石炭補給と連合国軍からの物資輸送を行うために250隻ほどの鉄筋コンクリート船団の製造が計画された。製造に関して鉄筋コンクリート構造が採用された背景には、1855年の第1回パリ万国博覧会でヨゼフ＝ルイ・ランボの金網入りのモルタル船が展示され、その後技術開発により1906年、鉄筋コンクリートが建築構造をつくる特殊建材として認められ、その延長で船の構造を担うものとして採用された。セーヌ川河口近くのアンフルヴィルに造船のためのドックが建設され、ここでつくられた鉄筋コンクリート船がセーヌ川へ進水していった。この平底船団には、戦争の被害を受けたヨーロッパ諸都市の名前がつけられ、長さ70m・幅8mのとても細長い「リエージュ号」（後の「アジール・フロッタン」）もその中の一隻として1919年に造られた。

　第一次世界大戦が終わると、この鉄筋コンクリート船団は整理され、その一部が残されることとなり、「リエージュ号」はルーアン港に放置された。それをキリスト教プロテスタント系慈善団体の救世軍が買い取り、第1次世界大戦によりパリ市内に多くいた戦争難民を収容する目的で1929年にリノベーションが計画された。この船の購入資金として、女流画家マドレーヌ・ジルハルトが寄付を行っている。

　また、改修工事に多額の費用を必要としたが、パリにいたシンガーミシン社創業者の娘であるウィンナレッタ・シンガー・ポリニャックが寄付を行っている。そして、当時42歳のル・コルビュジエ（以降の主要な登場人物も同様に1929年の年齢を記述する）をリノベーション（柱と屋根・水平連続窓の増築）の設計者に指名したのがこのウィンナレッタ・シンガー（64歳）である。彼女は救世軍による他の建築にも多くの資金を提供した。

リエージュ号（1919年）

　船のリノベーションは、コルビュジエの代表作である「サ

ヴォア邸」（設計開始：1928年、竣工：1931年）に先立ち1929年に完成している。この年には世界恐慌が始まり、ニューヨーク近代美術館（MoMA）が設立され、同世代の代表的な建築家ミース・ファン・デル・ローエ（43歳）のバルセロナ・パビリオンができている。

　コルビュジエは、長さ70mの石炭船を3つのパートに分割することで、船主と船尾側に難民のためのベットルーム、中央に厨房と食堂を計画した。ル・コルビュジエ財団には「アジール・フロッタン」に関して、写真が15枚と図面が27枚残されている。計画案を見ると、何度も平面検討を行い、より多くの難民を収容するスタディの痕跡が読み取れる。実施案では130人ほどの寝台（主に2段ベット）が用意され、中央には厨房と36席のレストランが配置されている。また、それ以外にトイレやシャワールームもあり、寒い冬の一夜を安心して眠れる空間が用意されていた。

「アジール・フロッタン」を生み出すきっかけとなった時代「ベル・エポック」

　「アジール・フロッタン」が生み出された時代背景を読み取るために、その少し前の19世紀末パリのアート界の状況を概観したい。19世紀末から第1次世界大戦までの「ベル・エポック」は日本では「良き時代」と訳されることが多いが、パリが繁栄した華やかなりし時代の呼び名である。印象派やアール・ヌーヴォーには日本の浮世絵などの影響も関連して語られ、近代建築を生み出すための揺籃期でもあった。このころから産業革命が安定し、都市部に富裕層があふれ、消費社会が動き出す時代となった。富が文化を欲望することで若く貧しき芸術家たちをパリに引き寄せ、モンマルトルがその中心的な場となっていた。ルノワール、ピカソ、マティス、ブラック、ロートレックやミュシャが注目を集め、若きアーティストたちが芸術論争で夜通し騒いでいた。綺羅星のごとく集まるパリのアーティストたちを全て紹介することはできないし、本書の目的でもないのでここでは割愛する。

　パリは近代産業の生み出す富と消費の街に変貌し、その象徴として百貨店ボン・マルシェ（フランス語の安いとの意味）なども民衆の旺盛な消費意欲によって繁栄した。1900年、第5回パリ万国博覧会が開催され、日本パビリオンもつくられた。多くの工芸作品や絵画が持ち込まれ、今日知られるところでは下村観山や横山大観、黒田清輝

などの絵が展示された。また、余談であるがこの万国博覧会には夏目漱石がロンドン留学の途中で立ち寄っている。

歴史を遡ると、第4回万国博覧会（1889年）ではエッフェル塔が建てられ、第3回万国博覧会（1878年）のころには印象派にも影響を与えたジャポニスム旋風がパリを起点に巻き起こっている。これらは第2回万国博覧会（1867年）に初参加した日本が持ち込んだ展示品や輸出品の緩衝材に、不要となった浮世絵などが使われたことが影響したとも言われている。

パリでの第1回万国博覧会（1855年）は、1851年にロンドンで開催された世界初となる万国博覧会を意識し、ナポレオン3世の統治下に開催され、6ヶ月の間に約500万人もの人々が来場している。「アジール・フロッタン」を生み出す元になる多額の寄付金を拠出したウィンナレッタ・シンガーの父、アイザック・シンガーは、この第1回万国博覧会において、実用ミシンを出展して金メダルを受章した。このことでヨーロッパ世界にミシンの可能性が広まり、父アイザックが巨万の富を得るきっかけとなった。

アジール・フロッタンが生み出された時代「レ・ザネ・フォル」

ベル・エポックの後の時代、1920年代の「レ・ザネ・フォル」は「狂乱の時代」と訳される。これまでに人類が経験したことのない大量の犠牲者と凄惨な負傷者を目の当たりにした第1次世界大戦が終了し、人々の安堵と開放感が過剰に膨張した。パリの20年代には多くの出来事が繰り広げられたが、全てを語るには紙面がたりないため、ここでは「アジール・フロッタン」が生み出された背景を感じてもらう目的として、コルビュジエとも親交があったであろう芸術分野の人物名を登場させるにとどめたい。

狂乱の時代の豊かさは、貧しい芸術家たちを支援するパトロンを生み出した。戦後のドル高を背景に禁酒法（1920〜1933年）を逃れて多くの豊かなアメリカ人がパリに移住したことも大きい。そして、そのパトロンたち（資産家）が主宰し、アーティストが集まるサロンが数多く生まれた。「アジール・フロッタン」に多額の寄付を行ったウィンナレッタ・シンガーもセーヌ川右岸を代表するサロンの主催者の一人であった。コルビュジエがパリで居を構えたセーヌ川左岸のジャコブ通り20番のアパルトマンには、アメリカから移住した著名作家ナタリー・クリフォード・バーネイ（53歳）のサロンがあった。これらのサロンで繰り広げられる享楽と放埒の日々が、人間関係の濃密な交流をより豊壌なものにしたに違いない。

このころには家賃が高くなったモンマルトルから、芸術家の場がモンパルナスに移っていった。ここには、ピカソ、キスリング、モンドリアンなど、エコール・ド・パリ（パリ派）と呼ばれる芸術家がたむろしていた。コルビュジエとも親交の深かったフェルナン・レジェ（48歳）は共同住宅「ラ・リュッシュ」にアトリエを構えて住み、シャガールやモディリアーニと交遊していた。このモンパルナスには藤田嗣治（43歳）も1913年に渡仏し居を構え、隣人となったモディリアーニ（45歳）と親交を深めている。やがて藤田は1923年ごろパリにやってきたバロン薩摩こと薩摩治郎八（28歳）と知り合い、絵の発注を受けその生活を持続していた。コルビュジエの絵にも登場するジョセフィン・ベーカー（23歳）がアメリカからパリに移り活躍したのもこのころである。彼女は1925年にシャンゼリゼ劇場に出演し、一夜にしてパリの人たちを虜にしてしまった。

救世軍

ウィンナレッタ・シンガーから寄付を受け、社会に還元する役割を担っていたのが救世軍である。日本でも年末の「社会鍋」募金を行っているので、馴染みのある人も多いだろう。その始まりは1865年のイギリス。メソジスト教会の牧師であったウィリアム・ブースとキャサリン夫人によって設立された。貧困層に伝道することを目的として活動していたが、軍隊組織を模倣し軍隊用語を使っていたことから、1878年に救世軍と名乗った。男女同権の思想により女性の士官（伝道者）も多く、組織トップである大将（最高指導者）にもこれまで3人の女性が選ばれている。パリにおける救世軍の活動は1917年からアルバン・ペイロンとブランシュ夫人によって定着した。1933年にはコルビュジエの設計により「避難都市（パリ救世軍本部）」が完成している。これもウィンナレッタ・シンガーの寄付によってつくられ、長らく「シンガー・ポリニャック避難所」と呼ばれていた。「アジール・フロッタン」では、元薬剤師で提督夫人と呼ばれたジョルジェット・ゴジビュス氏が、長年、救世軍船長として難民避難所の運営に当たっていた。

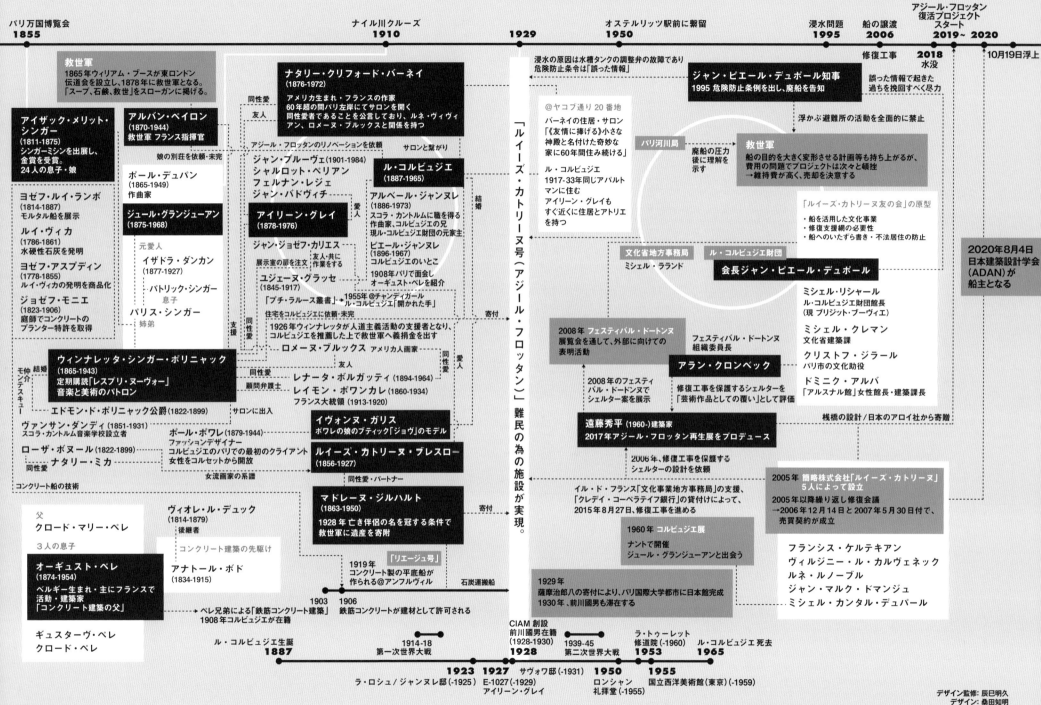

パリ万国博覧会
1855

ナイル川クルーズ
1910

1929

オステルリッツ駅前に繋留
1950

浸水問題
1995

船の譲渡
2006

アジール・フロッタン
復活プロジェクト
スタート
2019〜 2020

2018
水没

10月19日浮上

救世軍
1865年ウィリアム・ブースが東ロンドン
伝道会を設立し、1878年に救世軍となる。
「スープ、石鹸、救世」をスローガンに掲げる。

ナタリー・クリフォード・バーネイ
(1876-1972)
アメリカ生まれ・フランスの作家
60年超の間パリ左岸にてサロンを開く
同性愛者であることを公言しており、ルネ・ヴィヴィ
アン、ロメーヌ・ブルックスと関係を持つ

浸水の原因は水槽タンクの調整弁の故障であり
危険防止条令は「誤った情報」

ジャン・ピエール・デュポール知事
1995 危険防止条例を出し、廃船を告知

誤った情報で起きた
過ちを挽回すべく尽力

**アイザック・メリット・
シンガー**
(1811-1875)
シンガーミシンを出展し、
金賞を受賞。
24人の息子・娘

アルバン・ペイロン
(1870-1944)
救世軍 フランス指揮官

同性愛

@ヤコブ通り20番地
バーネイの住居・サロン
「《友情に捧げる》小さな
神殿と名付けた奇妙な
家に60年間住み続ける」

ル・コルビュジエ
1917-33年同じアパルト
マンに住む
アイリーン・グレイも
すぐ近くに住居とアトリエ
を持つ

パリ河川局

廃船の圧力
後に理解を
示す

浮かぶ避難所の活動を全面的に禁止

救世軍
船の目的を大きく変貌させる計画等も持ち上がるが、
費用の問題でプロジェクトは次々と頓挫
→維持費が高く、売却を決意する

娘の別荘を依頼・未完

ジャン・プルーヴェ(1901-1984)
シャルロット・ペリアン
フェルナン・レジェ
ジャン・バドヴィチ

アジール・フロッタンのリノベーションを依頼

サロンと繋がり

「ルイーズ・カトリーヌ友の会」の原型
・船を活用した文化事業
・修復支援網の必要性
・船へのいたずら書き・不法居住の防止

ヨゼフ・ルイ・ランボ
(1814-1887)
モルタル船を展示

ポール・デュパン
(1865-1949)
作曲家

ル・コルビュジエ
(1887-1965)

結婚

文化省地方事務局

ル・コルビュジエ財団

ルイ・ヴィカ
(1786-1861)
水硬性石灰を発明

ジュール・グランジューアン
(1875-1968)

アイリーン・グレイ
(1878-1976)

愛人

アルベール・ジャンヌレ
(1886-1973)
スコラ・カントルムに職を得る
作曲家、コルビュジエの兄
現ル・コルビュジエ財団の元家主

ミシェル・ラランド

会長ジャン・ピエール・デュポール

**2020年8月4日
日本建築設計学会
(ADAN)が
船主となる**

ヨゼフ・アスプディン
(1778-1855)
ルイ・ヴィカの発明を商品化

元愛人

イザドラ・ダンカン
(1877-1927)

ジャン・ジョゼフ・カリエス
展示室の扉を注文

友人・共に作業する

ピエール・ジャンヌレ
(1896-1967)
コルビュジエのいとこ
1908年パリで面会し
オーギュスト・ペレを紹介

ミシェル・リシャール
ル・コルビュジエ財団館長
(現 ブリジット・ブーヴィエ)

ジョゼフ・モニエ
(1823-1906)
庭師でコンクリートの
プランター特許を取得

パトリック・シンガー
息子

ユジェーヌ・グラッセ
(1845-1917)

1955年@チャンディガール
ル・コルビュジエ「開かれた手」

ミシェル・クレマン
文化省建築課

パリス・シンガー
姉弟

「プチ・ラルース叢書」→

「プチ・ラルース叢書」

クリストフ・ジラール
パリ市の文化助役

住宅をコルビュジエに依頼・未完

同性愛

ウィンナレッタ・シンガー・ポリニャック
(1865-1943)
定期購読「レスプリ・ヌーヴォー」
音楽と美術のパトロン

1926年ウィンナレッタが人道主義活動の支援者となり、
コルビュジエを推薦した上で救世軍へ義捐金を出す

ロメーヌ・ブルックス アメリカ人画家

寄付

2008年 フェスティバル・ドートンヌ
展覧会を通して、外部に向けての
表明活動

フェスティバル・ドートンヌ
組織委員長

ドミニク・アルバ
「アルスナル館」女性館長・建築課長

同性愛

友人

愛人

レナータ・ボルガッティ(1894-1964)
顧問弁護士

同性愛

アラン・クロンペック

モンテスキュー
仲介

結婚

レイモン・ポワンカレ(1860-1934)
フランス大統領(1913-1920)

2008年のフェスティ
バル・ドートンヌで
シェルター案を展示

修復工事を保護するシェルターを
「芸術作品としての覆い」として評価

桟橋の設計/日本のアロイ社から寄贈

エドモン・ド・ポリニャック公爵(1822-1899)

サロンに出入り

ヴァンサン・ダンディ(1851-1931)
スコラ・カントルム音楽学校設立者

イヴォンヌ・ガリス
ポワレの娘のブティック「ジョヴ」のモデル

ポール・ポワレ(1879-1944)
ファッションデザイナー
コルビュジエのパリでの最初のクライアント
女性をコルセットから開放

遠藤秀平(1960-)建築家
2017年アジール・フロッタン再生展をプロデュース

**2005年 簡略株式会社「ルイーズ・カトリーヌ」
5人によって設立**

ローザ・ボヌール(1822-1899)
同性愛
ナタリー・ミカ

ルイーズ・カトリーヌ・ブレスロー
(1856-1927)

2006年、修復工事を保護する
シェルターの設計を依頼

2005年以降繰り返し修復会議
→2006年12月14日と2007年5月30日付で、
売買契約が成立

女流画家の系譜

同性愛・パートナー

イル・ド・フランス「文化事業地方事務局」の支援、
「クレデイ・コーペラティフ銀行」の貸付けによって、
2015年8月27日、修復工事を進める

コンクリート船の技術

1960年 コルビュジエ展
ナントで開催
ジュール・グランジューアンと出会う

フランシス・ケルテキアン
ヴィルジニー・ル・カルヴェネック
ルネ・ルノーブル
ジャン・マルク・ドマンジュ
ミシェル・カンタル・デュパール

父
クロード・マリー・ペレ

ヴィオレ・ル・デュック
(1814-1879)

マドレーヌ・ジルハルト
(1863-1950)
1928年 亡き伴侶の名を冠する条件で
救世軍に遺産を寄附

寄付

3人の息子

後継者

コンクリート建築の先駆け

オーギュスト・ペレ
(1874-1954)
ベルギー生まれ・主にフランスで
活動・建築家
「コンクリート建築の父」

アナトール・ボド
(1834-1915)

「リエージュ号」

1919年
コンクリート製の平底船が
作られる@アンフルヴィル

石炭運搬船

1929年
薩摩治郎八の寄付により、パリ国際大学都市に日本館完成
1930年、前川國男も滞在する

ペレ兄弟による「鉄筋コンクリート建築」
1908年コルビュジエが在籍

1903

1906
鉄筋コンクリートが建材として許可される

ギュスターヴ・ペレ
クロード・ペレ

ル・コルビュジエ生誕
1887

1914-18
第一次世界大戦

CIAM 創設
前川國男在籍
(1928-1930)

1939-45
第二次世界大戦

ラ・トゥーレット
修道院(-1960)
1953

ル・コルビュジエ死去
1965

1928

1923
ラ・ロシュ/ジャンヌレ邸(-1925)

1927 サヴォワ邸(-1931)
E-1027(-1929)
アイリーン・グレイ

1950
ロンシャン
礼拝堂(-1955)

1955
国立西洋美術館(東京)(-1959)

アジール・フロッタンをめぐる人々

女性たちの支援

　船のリノベーションには多くの資金を要した。これには当時パリで活躍した女性たちが多く関わっていたことを先述したが、当時の人間模様を理解してもらうために、もう少し詳しく紹介したい（先と同じく登場人物の1929年の年齢も記しておく）。

マドレーヌ・ジルハルトとルイーズ=カトリーヌ

　先にも紹介したマドレーヌ・ジルハルト（66歳）は、先進的なフェミニズムの実践者であった。彼女は画家で、同じく女流画家のルイーズ=カトリーヌ・ブレスローと共同生活をしていた。ルイーズ=カトリーヌが亡くなった際、放棄されていた鉄筋コンクリート船を買い取る資金として、その遺産を救世軍に寄付し、船の名前を「ルイーズ・カトリーヌ号」とすることを提案した。

ウィンナレッタ・シンガー・ポリニャック

　当時のセーヌ川右岸において著名なサロンを主宰し、音楽家や画家たちのパトロンとなっていた。多くの人が耳にしたことがあるシンガーミシン社の創業者、アイザック・シンガーの娘である。父のアイザックは、1855年のパリ万博に旧来のミシンを改良した自社製ミシンを出品し、金賞を獲得した。以後、シンガーミシンの性能が評価され、またおりしも第1次世界大戦前の軍備拡張の波もあり、あっという間に世界的な企業に成長。1908年、ニューヨークに当時としては世界一高い187mのシンガービルを建てた。

　娘のウィンナレッタ・シンガーは、1875年にアイザックが亡くなったことから遺産を相続し、1878年にパリに移り住んだ。そのころから、莫大な遺産を元に著名パトロンとなり、エリック・サティ（63歳）や後述の薩摩治郎八（28歳）が師事したモーリス・ラヴェル（54歳）、イーゴリ・ストラビンスキー（47歳）、フェデリコ・モンポウ（36歳）など多くの音楽家への支援を行った。ウィンナレッタ・シンガーは22歳で結婚するが5年後に離婚。翌年にエドモン・ド・ポリニャック大公と再婚することでポリニャック公夫人となる。再婚後も同性愛を公言し、パートナーが複数いた。その一人がピアニストのレナータ・ボルガッティ（35歳）であり、ボルガッティは後述のロメーヌ・ブルックスとも愛人関係にあった。再婚後に暮らし

た邸宅は現在、シンガー=ポリニャック財団の本部となり、今日でも多くの音楽家や芸術家への支援や活動が行われている。

　このウィンナレッタ・シンガーが救世軍に船の改修工事費として多額の寄付を行い、その設計者としてル・コルビュジエを指名したことは先に述べた。この前後、コルビュジエは救世軍の建築を他にも設計しており、これらの仕事が彼の活動を支えた。そして、それらの資金も彼女が出していることは注目に値する。そもそも彼女は雑誌『レスプリ・ヌーヴォー（新精神）』（1920〜1925年にかけて28冊を刊行）の愛読者であり、これがコルビュジエとの最初の接点であったらしい。新しい時代の音楽家を支援したウィンナレッタ・シンガーの元に『レスプリ・ヌーヴォー』が届けられ、コルビュジエに関心を持ったとしても不思議ではない。アメデエ・オザンファン（43歳）とコルビュジエが協働した『レスプリ・ヌーヴォー』と「リエージュ号」はほぼ同時期に世に送り出されていたことも興味深い。

ナタリー・クリフォード・バーネイ

　セーヌ川の左岸にあった著名サロンの女主人ナタリー・クリフォード・バーネイ（53歳）。アメリカからパリに移民した作家であり、フェミニズムの実践者としても著名であった。ジャコブ通り20番地にあったバーネイの金曜サロンは、当時の先鋭的アーティストが集まるところとして有名だったが、なんとこのバーネイが住んでいたアパルトマンの3階に、コルビュジエが1917〜1933年に住んでいた。コルビュジエの戦略的性格から考えれば単なる偶然ではないだろう。また、コルビュジエの兄アルベール・ジャンヌレ（43歳）は音楽家としてベルリンで活動していたが、コルビュジエに呼び寄せられ、従兄ピエール・ジャンヌレ（33歳）と共にこのアパルトマンの上階で暮らしていた。のちにラ・ロッシュ／ジャンヌレ邸（1925年）の住人となる人物である。ウィンナレッタ・シンガーが再婚したエドモン・ド・ポリニャック大公も支援を行い、1894年にヴァンサン・ダンディ（78歳）によって設立されたスコラ・カントルム音楽学院に、1919年、兄ジャンヌレが職を得ている。推測であるがコルビュジエの推薦があってのことではないだろうか。

　バーネイのセーヌ川左岸のサロンには、コルビュジエと親交もあったアイリーン・グレイ（51歳）、ウィンナレッタ・シンガーの弟パリス・シンガーと結婚していたダンサーのイザド

ラ・ダンカン（1927年没、享年50歳）、シャルロット・ペリアン（26歳）、ジャン・コクトー（40歳）など多くのアーティストや、ペギー・グッゲンハイム（31歳）も出入りしていた。また、ウィンナレッタ・シンガーの友人でもあるアメリカ人画家のロメーヌ・ブルックスとバーネイは愛人関係にあり、ブルックスはウィンナレッタ・シンガーの友人のピアニストのボルガッティとも愛人関係にあった。バーネイのサロンは、この時代特有の複雑な人々の交流と人材の結節点になっていた。

アイリーン・グレイ

　女流建築家として著名であったアイリーン・グレイ。彼女のアパルトマン（ボナパルト通り21番地）とアトリエ（ゲネゴー通り11番地）もバーネイがいたジャコブ通り20番地から100mほどのところにあり、コルビュジエのセーヴル通り35番地のアトリエとも徒歩圏内だった。コルビュジエの友人であり、グレイのパートナーでもあったジャン・バドヴィチ（36歳）も頻繁にバーネイのサロンに出入りしていたことは容易に想像できる。2017年に日本でも公開された映画『ル・コルビュジエとアイリーン　追憶のヴィラ』の主な舞台ともなっていた、バドヴィチと過ごしたグレイ設計「E.1027」は1929年に竣工している。

　グレイはバーネイとは特別な愛情関係にならなかったようであるが、バーネイのサロン

ジャコブ通り20番地のバーネイのサロンを中心としたエリア

に出入りしていたブルックスとは愛人関係の時期があったようだ。このような複雑な人間関係を詮索することは本書の目的ではないが、人の結びつきが魅力的な文化をつくることも歴史は証明している。

イヴォンヌ・ガリス

　コルビュジエの妻となるイヴォンヌ・ガリス（37歳）は、ファッションデザイナーのポール・ポワレ（50歳）の妹が運営していたブティック「ジョヴ」でモデルをしていた。ポワレは女性をコルセットから解放したデザイナーであり、顧客であったウィンナレッタ・シンガーとの親交も深い。またポワレはコルビュジエのパリでの最初のクライアントでもあり、南仏の別荘の設計（実現せず）を依頼していた。1929年ごろのコルビュジエは国外旅行を重ね多忙を極めていたが、「アジール・フロッタン」が完成した翌年の1930年にイボンヌと結婚している。この年はニューヨークのクライスラービルが完成した年でもある。

　イヴォンヌ個人と「アジール・フロッタン」の接点は見つかっていないが、新婚時に二人が住むジャコブ通り20番地のアパルトマンから「アジール・フロッタン」が係留されたルーブル宮殿のセーヌ川岸辺にまでは遠くない。コルビュジエとともに歩いて見に行ったのではないだろうか。1934年になると彼らはナンジェセール・エ・コリ通り24番地の集合住宅に引っ越した。ちなみに、結婚前のコルビュジエを魅了したジョセフィン・ベーカー（23歳）との出会いは1929年のリオへの船上であり、アドルフ・ロース（59歳）のジョセフィン・ベーカー邸計画案はその前年である。

　「アジール・フロッタン」が生み出される1929年前後、このような濃密な交流がパリのクリエイターたちの創作活動の背景にあったことはとても興味深い。

1929年前後のパリの日本人

　19世紀末から1914年に第1次世界大戦が勃発するまでの約25年間の「ベル・エポック（Belle Époque 良き時代）」に対して、パリが最も活気づいていた1920年代は「レ・ザネ・フォル（Les Années Folles 狂乱の時代）」と呼ばれた。その絶頂期は1926

～1929年と言われており、この時期には多くの日本人がパリに吸い寄せられていた。以下は「アジール・フロッタン」の人脈に関連のある日本人を紹介したい。

薩摩治郎八

　当時のパリで日本人として名を轟かせていたのが薩摩治郎八（28歳）だ。東京で木綿問屋を営む豪商の3代目であり、パトロンとして画家の藤田嗣治（43歳）や岡鹿之助（31歳）など多くのアーティストを支援した。現在の価値で数百億円を数年のパリ滞在で使いきったと言われる「バロン・サツマ」の逸話は多い。また、当時文部大臣であったアンドレ・オノラ（61歳）の提唱で作られたパリ国際大学都市に日本館（通称、薩摩館）を作った人物として歴史に名を残している。薩摩館は「アジール・フロッタン」が生まれた1929年の5月に開館した。オテル・リッツで行われた薩摩館の完成式典の後の晩餐会には、アンリ・ロスチャイルド（57歳）やウィンナレッタ・シンガーをはじめパリの著名人300名ほどが招かれた。薩摩は、ウィンナレッタ・シンガーが支援していたモーリス・ラヴェル（54歳）と特に親しくしており、終生兄のように慕っていた。

　前川國男は帰国する1930年春までの5ヶ月間は薩摩館に滞在した。数学者の岡潔（28歳）や物理学者の中谷宇吉郎（29歳）も同じ時期に滞在していた。他にも建築関係では今和次郎（41歳）や山田守（35歳）、1931年には白井晟一（24歳）や坂倉準三（28歳）の名も宿泊者名簿に残っている。このように当時多くの日本人がパリ、そしてコルビュジエの元を訪れているが、「コル病患者」なる言葉が日本の建築界に登場したのも1929年である。

　以下は余談であるが、この薩摩館の設計者はエコール・デ・ボザール出身の建築家、ピエール・サルドゥーである。彼は薩摩が1925年に日本に招聘したピアニストのジル・マルシェックスの友人でもある。また薩摩が「唯一無二の親分」と私淑したオノラの推薦もあったのかもしれない。

　薩摩は妻の千代の洋服をあつらえるため、パリの売れっ子ファッションデザイナーであったポワレの店にも頻繁に出向いていた。コルビュジエの妻、イボンヌが働いていた店であるが、ここからコルビュジエとの接点は生まれなかったようである。歴史に「もしも」

はないが、ポワレやウィンナレッタ・シンガーの推薦により、日本館をコルビュジエが設計していれば、その後の日本の建築界への影響がどうなったのかを想像することもまた面白い。

菅原精造

　菅原精造（45歳）の名前を知る人は少ないが、グレイに漆の技術を教えた人物として歴史に名を刻まれている。1878年の第3回パリ万国博覧会においてジャポニスムの旋風が巻き起こり、その影響もあって漆芸の技をパリのガイヤール工房に伝える人材として1905年に渡仏した。ガイヤール工房を辞めた1910年は、パリが100年に1度の未曾有の大増水に見舞われた年でもある。その後、菅原はパリに残ることを決意し、グレイとの出会いもあり彼女の工房の漆工を担当することになった。グレイはこの漆工を活かした家具やインテリアにより、初期の名声を獲得したと言っても過言ではないだろう。その後、1929年前後に世界恐慌の影響もありグレイは活動を縮小したが、この数年前から菅原はゲネゴー通りのアトリエを譲り受け独立し工房を営んでいる。

　この時期、藤田嗣治や岡本太郎（18歳）、九鬼周造（41歳）など多くの日本人がパリを訪れた。菅原はパリ在住の日本人ネットワークにおいて、先輩格として重要な役割を担っていたようである。薩摩治郎八は藤田嗣治のパトロンでもあったが、彼が設立に尽力した仏蘭西日本美術家協会の展覧会（通称「薩摩展」）の会場写真には、薩摩・藤田・菅原が一緒に写っているものがある。この展覧会も1929年の出来事である。翌1930年、菅原は工房を閉めてアンリ・ロスチャイルド家の御雇工芸家として生計を立て、すでに結婚していたフランス人女性とともに余生を送った。1937年、彼の地で人生を全うした。

　菅原に象徴される異邦人としての活動や移民は、今後の日本を考える上でも参考になる。移民や難民は現在の世界において重要な課題であり、日本では今後深刻化する生産年齢人口の不足もあり、避けて通ることはできない。『アジール・フロッタンの奇蹟1』収録の佐藤知久氏の稿（pp.48-49）にもあるように、国外からの難民だけではなく、国内の転勤や失業なども含めて考えれば、我々自身も難民予備軍でもある。そしてコロ

ナ禍の中、格差社会が広がり引きこもりも多くなり、国外の人材を頼らざるを得ない状況も深刻である。国内の人材は既存の職種とうまく噛み合わず、一方多くの移民を受け入れることに対する拒否反応も大きい。このことは近未来の日本社会が抱えるトリレンマ（三つ巴の難問）である。「アジール・フロッタン」の物語は、この難問に取り組む手がかりを示しているのではないか。当時、多くの人が手を差し伸べることのなかったホームレスに、異国民やマイノリティーによって安住のベッドとパンを与えることができた事実は大きい。

前川國男の周辺

　前川國男は1928年にパリに到着している。前川は母方の叔父、佐藤尚武（47歳）が国際連盟帝国事務局長（のちの外務大臣、参議院議長）としてパリにいることを手立てに渡仏を決意したと語っている（（『近代建築の目撃者』佐々木宏編/新建築社/1977年）。母の実家の縁がなければパリには行っていない。ここでも女性の重要な存在が際立つ。佐藤は1930年のロンドン海軍軍縮会議で事務総長を務めた。駐英全権大使は薩摩の妻・千代の叔父、松田恒雄（52歳）であり、この会議を取材するために岡本太郎とその父・一平が事前にパリに来ていた。薩摩が作った日本館の定礎式には、佐藤が出席した記録が残されており、その縁もあって前川は日本館に滞在したのであろう。また、前川をアトリエに受け入れるコルビュジエは、アイリーン・グレイのアトリエにいる菅原を通して、弟子となる日本人の素性を事前に理解したことで応諾したのではないだろうか。前川からの入所希望の手紙に対してアトリエへ迎え入れる返答は、コルビュジエから直接、佐藤に告げられたと前川自身が語っている（前掲書）。

　前川は1929年にコルビュジエのアトリエで「ルイーズ・カトリーヌ号」のリノベーションを担当した。前川が作図したとされる「図面番号2224」がル・コルビュジエ財団に台帳とともに残されている。パリにおける前川の痕跡は確かに残っているが、前川の言説にはグレイや菅原に関わる話は見当たらない。しかし、当時のジャコブ通り20番地近辺の人間模様やセーヴル通り35番地のアトリエとの関係から、彼らを見知っていた可能性は高い。『蕩尽王、パリをゆく―薩摩治郎八伝』（鹿島茂/新潮社/2011年）に、薩摩治郎八の祖父・治兵衛の出自が滋賀県犬上郡豊郷町という記載があるが、前川の父・貫一の出身も近隣の彦根である。このことから、異国の地で出会いがあれば同郷として話題になったと想像できる。私も彦根市にある高校に3年間通い、市内を散策することも多かった。前川貫一の生家は知らないが、貫一や里帰りした國男が歩いた市内の同じ道を歩いていたと思えば、やや飛躍であるが遠い縁を感じなくもない。

　また、前川は叔父の佐藤と近い関係にあったフランス大使館駐在武官の木村隆三（30歳）と在仏時から親しくしており、帰国後の最初の仕事となる「木村産業研究所」の設計依頼を1930年に受けている。『パリ・日本人の心象地図―1867-1945』（和田博文/藤原書店/2004年）によれば、1929年当時パリに在留していた日本人は数百名と多く、前川は上記の人たちと距離も人間関係も近かった。前川がこれらの同胞人たちと遭遇していた可能性は大いにある。帰国後の前川は日本に近代建築を伝道し、丹下健三などの門下生が日本の現代建築を切り開いた。

アジール・フロッタン関連年表

2005年

2008年

2017年

2021年2月20日

1919年*　第一次世界大戦の鉄と石炭不足により、石炭補給船として多くのコンクリート製の平底船がつくられた中、後の「ルイーズ・カトリーヌ号」となる「リエージュ号」が建造された。
　　　　　*1917年の記録もあるが、本書では『ル・コルビュジエの浮かぶ建築』(鹿島出版/2018年)の年代記を採用

1927年　ル・コルビュジエが近代建築5原則発表

1928年　前川國男が渡仏。コルビュジエのアトリエで働く(〜1930年)。
　　　　　女性画家ルイーズ=カトリーヌ・ブレスローのパートナーであったマドレーヌ・ジルハルトが、ルイーズの死後、彼女の遺産などを救世軍に寄付。使われていないリエージュ号を買い取り、難民のための避難船へと改造するプロジェクトがスタート。

1929年　避難船プロジェクトに義援金を出したウィンナレッタ・シンガーの推薦により、コルビュジエにリエージュ号の改修が依頼される。前川が改修設計を担当。
　　　　　竣工。ルイーズ・カトリーヌ号と命名。柱、屋根、水平窓を増築し、ベッドや食堂が設けられ浮かぶ避難所となる。その後、1995年まで救世軍の管理のもと、さまざまな難民のために使われ続けた。

1931年　サヴォア邸竣工

1995年　船底に浸水の疑い。危険防止条例に基づいて、当時のパリ知事(後のコルビュジエ財団理事長)が廃船を告知、避難所としての活動が禁止される。浸水は躯体の問題ではないことが判明するが、救世軍の資金難により売却が検討される。

2005年　救世軍とコルビュジエ財団、簡略株式会社ルイーズ・カトリーヌにより、約10年間使われなかったルイーズ・カトリーヌ号の修復会議が行われる。船の安全性が確認され廃船の告知が撤回される。

2006年　フランシス・ケルキアン氏の会社SAS Louise Catherineが船を買い取り、文化施設への再生プロジェクトをスタート。修復工事開始。遠藤秀平に修復工事期間中のシェルターの設計を依頼。

2008年　歴史的文化財(動産オブジェ)に指定される。工事用シェルターのデザインが決定。建設が許可される。リーマンショックの影響で工事が中断。

2015年　修復工事再開。

2017年　内部のおおよその修復工事が終了。日本の4ヶ所で「アジール・フロッタン再生展」(主催:遠藤秀平建築研究所、キュレーター:五十嵐太郎)を開催。アロイ社による桟橋寄贈が決まる。日本建築設計学会主催による現代日本建築家展が2018年秋に船内で開催予定。

2018年2月　セーヌ川増水の影響により、船体が水没。

2019年3月〜　公益財団法人国際文化会館の助成により、アジール・フロッタン復活プロジェクトがスタート。日本建築設計学会の企画の元、セーヌ川からの浮上と修復のための工事を進める。

2020年8月4日　パリ商業裁判所からアジール・フロッタンの船主として一般社団法人日本建築設計学会が指名される。

2020年10月16日　日本建築設計学会主催「かたちが語るとき」展がFRACサントル=ヴァル・ド・ロワールで開催。

2020年10月19日　アジール フロッタン浮上。復活する。

2021年3月末　船体調査終了

1929-

ボンデザールから見た「アジール・フロッタン」。背後にルーブル宮があり、手描きで、人や植栽、旗などが描かれている。
ル・コルビュジエのサインはなく、1929年12月31日の日付がある。

22

E DU SALUT

竣工当時と思われる船首からの外観(1929年)

エントランス。現在は消失したオリジナルの桟橋や手摺の様子がわかる(1929年)

L.C. ET P.J.

L'ASILE FLOTTANT DE L'ARMÉE DU SALUT, À PARIS, 1929.

L'ARCHITECTURE VIVANTE
PRINTEMPS MCMXXX
ÉDITIONS ALBERT MORANCÉ

5

内部には2段ベッドが並べられていた。フランス国旗と救世軍の旗が見える（1929年）

L.C. ET P. J.
ASILE FLOTTANT DE L'ARMÉE DU SALUT À PARIS, 1929.
6.

L'ARCHITECTURE VIVANTE
PRINTEMPS MCMXXX
EDITIONS ALBERT MORANCÉ

セーヌ川右岸に係留されている（撮影日不明）

セーヌ川増水時の様子。河岸・桟橋が水に浸かっている（撮影日不明）

竣工後にプランターが追加された屋上庭園（撮影日不明）

ASILE FLOTTANT

セーヌ川右岸に停泊。屋上に小屋が増築されている

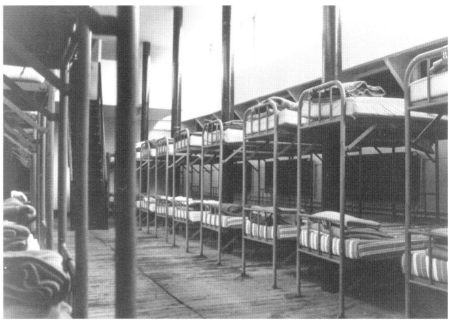

共同寝室。ベッドが当初のものから入れ替わっている(撮影日不明)

中央部分のレストラン。柱が当初より濃い色に塗り替えられている(撮影日不明)

エントランス。屋上が改築されている(撮影日不明)

背後にオステルリッツ高架橋が見える（撮影日不明）

オステルリッツ橋の下での改修工事中の様子。
コルビュジエのアイデアにより経費削減の目的で
この場所が選ばれた

アジール・フロッタンにおける近代建築の5原則

ル・コルビュジエと「アジール・フロッタン」

　ル・コルビュジエ（1887〜1965年）は、近代建築の三大巨匠の一人に数えられ、現在まで続くモダニズム建築の源流となる人物である。コルビュジエとはペンネームであり、本名はシャルル=エドゥアール・ジャンヌレ=グリ。スイスの時計の街ラ・ショー=ド=フォンで時計文字盤職人の父とピアノ教師の母との間に生まれ、家業を継ぐため地元の装飾美術学校で彫刻と彫金を学んだ。しかし、弱視のため時計職人の道を断念。画家を目指して美術学校へ入学するが、在学中に彼の才能を見出した校長の勧めもあって建築の道を歩み始めた。

　20代にはヨーロッパ諸国を遊学し、いくつかの設計事務所で実務を学んだ後に事務所を設立した。このころから絵と建築設計を同時に手がけ、故郷にはいくつかの住宅も完成させている。1914年、西欧の伝統な様式建築とは全く異なった、スラブ・柱・階段のみを建築の主要要素とする「ドミノシステム」を考案した。機能性より生産性を高めるための提案だったと考えられる。それ以降、機能性を前面に押し出したモダニズム建築を提唱し、1926年には「近代建築5原則（ピロティ、自由な平面、自由な立面、水平連続窓、屋上庭園）」を発表した。「住宅は住むための機械である」など、常に先駆的で革新的な建築理論を生み出した建築家であった。

　1928年、前川國男（1905〜1986年）がコルビュジエの元へと弟子入りする。その後も多くの日本人が訪れ、坂倉準三（1901〜1969年）や吉阪隆正（1917〜1980年）など日本の建築界に大きな足跡を残す人材が輩出された。また、コルビュジエは日本政府から美術館の設計依頼を受け1955年に来日。上記日本人3名の弟子との共作により「国立西洋美術館」を1960年に完成させている。

　日本おいて、コルビュジエを取り上げた関連著書・訳本は優に100冊を超え、建築家に関する書籍としては最も多い。また個人を扱った書籍の数としてもトップクラスではないだろうか。前川が渡欧したころには「コル病患者」なる言葉まで雑誌に出るほどであったが、没後55年になる2020年になっても、関連書籍の出版は後を絶たない。ここで新たなコルビュジエ像を描き出すことは本書の目的ではないし、また簡単にできることではないので、これまで「サヴォワ邸」（1931年）の影に隠れ、あまり語られることのなかった「アジール・フロッタン」に焦点を絞って論を進めたい。

近代建築の5原則

　「アジール・フロッタン」は戦間期につくられたが、「サヴォワ邸」に結実する「近代建築の5原則」をこの船において一早く具体化し、その可能性を確信したに違いない。あえて言うならば、革新性を求める姿勢が「アジール・フロッタン」において到達点を迎え、以降は方向転換したのではないかと考えられる。

　第2次世界大戦後は、フランス・マルセイユの「ユニテ・ダビタシオン」（1952年）やインド・チャンディガールの一連の建築など、それまでの手法を拡大することに専念するようになった。晩年は初期に見られるような幾何学的デザインとは一線を画した建築を手掛け、理論だけでなく卓越した高い造形力により新しい建築の表現や空間を探求した。そのころの代表作として、「ロンシャンの礼拝堂」（1955年）や「ラ・トゥーレット修道院」（1960年）が名作として特筆される。2016年、東京にある国立西洋美術館を含む、世界中に点在する彼の17作品が世界文化遺産に登録され、コルビュジエの活動と作品の文化的価値が世界に認められた。

　コルビュジエが提唱した「近代建築の5原則」を最も明確に実現した作品として知られているのが1931年に竣工した「サヴォア邸」である。「アジール・フロッタン」とほぼ同時期に構想され、「アジール・フロッタン」に遅れること2年、1931年に竣工している。「アジール・フロッタン」では、平底船の状態に柱と屋根を加え、船体の構造体と屋根との間に水平窓連続窓を設置している。ある意味合理的な設計であるが、「5原則」が予定調和のように複合されていると言える。4mスパンで配された列柱で屋根を支え、ベッドの大きさと調和し余裕のあるプロポーションが実現され、柱の間隔がリズムよく感じられる空間となっている。また南北にある水平連続窓から、太陽光が時間の変化とともに、船底へ明るい光を引き込み、心地よい住空間を生み出している。

「アジール・フロッタン」に見る近代建築5原則

　まず「屋上庭園」に関して、船の屋上部分の検討図には置き型のプランターが計画

され、長方形やL型・Z型・T型などの配置がスタディされていた。実現された写真と比較すると、プランターそのものの形はやや変更されているが、全体の配置は初期スタディがほぼ踏襲されている。「ピロティ」に関して言うと、柱が連続し障害物のない船底が、地面のように開放され、内部空間ではあるがピロティのようである。またパースでは岸から10mほどの距離が見られるが、これは地面という制約から自由になることを意味しており、断面的なピロティ（船底）に対して平面的ピロティと捉えることもできるのではないか。石炭船という狭い空間が前提条件としてある中で、そこに多くのベッドを配置すべく何度もスタディが行われ、ピロティ（船底）での収容人数を最大化しようと検討されている。

次に「水平連続窓」に関しては、16mほどの長い水平窓が大きな特徴であり、さらにこれが三つも連続している。当時の建築では実現できないプロポーションである。まさに、水平連続窓の効果を最大限引き出す外観とその効果を十分に引き出す内部空間を実現している。窓枠は木製で、開口できる部分とできない部分がある。

さらに「自由な立面」について、新たに付加された水平連続窓によってファサードが形成されているが、船体と水平連続窓は既存の窓や屋根の範疇に属さないため、様式建築などに拘束されない自由な立面と言える。最後に「自由な平面」に関して、70mの船体は三つに区画され、それぞれ共通する列柱が連なり、船首から船尾まで連続するトンネルのようになっている。ベッドが置かれた空間、食堂やトイレ・洗面所、シャワー室なども計画され、開放された柱によるピロティは多様な機能も受け入れられる可変性を持つ自由な平面と言える。

以上、ややこじつけのように感じる読者もいるかもしれないが、「サヴォワ邸」設計との時期を勘案すればコルビュジエの頭の中ではこのような発想があったのではないかと考えられる。

ルーブル宮殿南側のセーヌ右岸に係留されている。1929年12月29日の日付がある

33

ル・コルビュジエ関連年表

Chronology

1900　　　　　　　　　　**1910**　　　　　　　　　　**1920**

ル・コルビュジエ

1900 シャルル・レプラトゥニエが教える
地元の美術学校に入学。彫金を学ぶ。

1904 美術学校高等科に進学。
校長シャルル・レプラトゥニエは、ル・コルビュジエを建築へと導く。

1904 リヨンでトニー・ガルニエと会う。
パリでジュールダン、プリュメ、ソヴァジュ、グラッセを訪ねる。
オーギュスト&ギュスターヴ・ペレの事務所で製図家として勤務をする。

1887 10月6日、ラ・ショー=ド=フォンのセール通り38番地にて、
時計の彫金・ほうろう細工師の父
ジョルジュ=エドゥアール・ジャンヌレ=グリと
音楽家の母マリー=シャルロット=アメリー・ジャンヌレ=ペレの
息子として、シャルル=エドゥアール・ジャンヌレ=グリ
(後にル・コルビュジエ)誕生。
兄アルベールは後に音楽家になる。

1909 秋、ラ・ショー=ド=フォンに戻り、
《ストッツァー邸》と《ジャクメ邸》の建設にあたる。

1910 ペーター・ベーレンスのアトリエ(ベルリン)で5カ月働く。
ミース・ファン・デル・ローエ、ヴァルター・グロピウスらと出会う。

1911 ラ・ショー=ド=フォンに戻る。シャルル・レプラトゥニエと
ともに美術学校に新しい科を創立。

1911 パリの「サロン・ドートンヌ」に初めて参加。

1914 計画案:メゾン・ドミノ

1917 ラ・ショー=ド=フォンを去り、パリに居を構える。ベルジュンス通り13番地に
最初の建築事務所を、アストール通り29番地に次の建築事務所をもつ。
1933年までジャコブ通り20番地に住む。
鉄筋コンクリート会社のコンサルタントを務める。

1918 「芸術と自由」の集会の折に、オーギュスト・ペレを介して
アメデエ・オザンファンと知り合う。
アンデルノスにおいてオザンファンとともに『キュビスム以降』を著わす。
網膜はく離のため左眼の視力を失う。

1919 オザンファン、ポール・デルメらと『レスプリ・ヌーヴォー』誌を創刊。
フェルナン・レジェと会う。オザンファンの助言により、
アルビ出身の先祖の一人からとったル・コルビュジエという名を使う。

1920 計画案:メゾン・シトロアン

1922 「サロン・ドートンヌ」に
《300万人の現代都計画》を発表。

1923 実現計画:ラ・ロッシュ・ジャンヌレ邸(フランス、パリ)
出版:『建築をめざして』

1924 セーヴル通り35番地(パリ6区)に
建築事務所を設ける。出版『ユルバニスム』

1925 実現計画:レスプリ・ヌーヴォー館(フランス、パリ)
出版『今日の装飾芸術』

1926 実現計画:ガルシュの家(スタイン・ド・モンヅィ邸)(フランス、ガルシュ)救世軍、人民館(フランス、パリ)
計画案:ウィンナレッタ・シンガー邸(フランス、ヌイー・シュル・セーヌ)
出版:『機械化時代の建築』

1927 ジュネーヴの国際連盟競技設計に参加、1等に入賞するものの、計画案は却下される。
実現計画:ヴァイセンホフの住宅(ドイツ、シュツットガルト)

1928 ラ・サラにてCIAM(近代建築国際会議)創設。前川國男入所(28-30)
実現計画:サヴォア邸(フランス、ボワシー)

1929 パリ国際大学都市日本館(薩摩館)完成

食堂の様子

34

「アジール・フロッタン再生展」(2017) 展示パネルより転載
監修:林美佐(森美術館「ル・コルビュジエ展」カタログに作成したものを許諾を得て編集・転用)
ビジュアルデザイン:辰巳明久・桑田知明

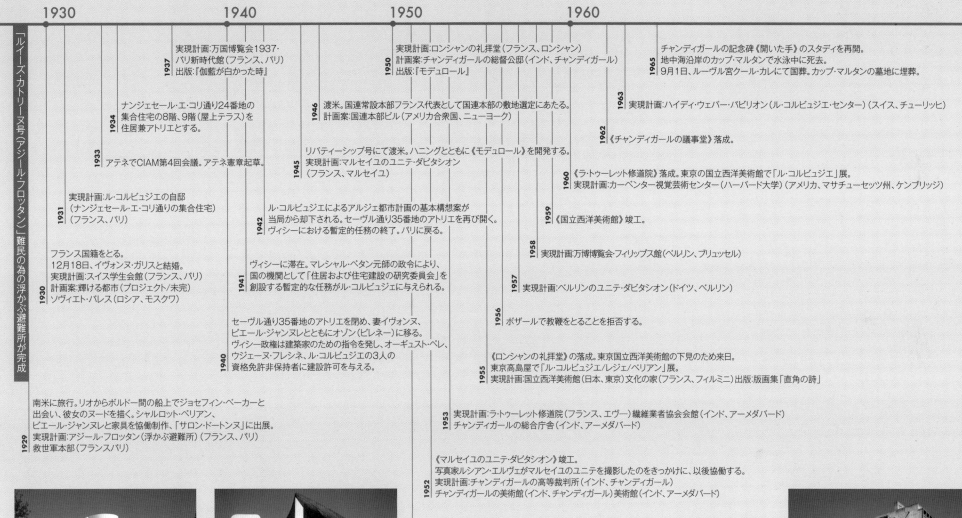

1930　　　　　　　1940　　　　　　　1950　　　　　　　1960

「ルイーズ・カトリーヌ号(アジール・フロッタン)」難民の為の浮かぶ避難所が完成

1937
実現計画:万国博覧会1937・パリ新時代館(フランス、パリ)
出版:『伽藍が白かった時』

1934
ナンジェセール・エ・コリ通り24番地の集合住宅の8階、9階(屋上テラス)を住居兼アトリエとする。

1933
アテネでCIAM第4回会議。アテネ憲章起草。

1931
実現計画:ル・コルビュジエの自邸(ナンジェセール・エ・コリ通りの集合住宅)(フランス、パリ)

1930
フランス国籍をとる。
12月18日、イヴォンヌ・ガリスと結婚。
実現計画:スイス学生会館(フランス、パリ)
計画案:輝ける都市(プロジェクト/未完)
ソヴィエト・パレス(ロシア、モスクワ)

1929
南米に旅行。リオからボルドー間の船上でジョセフィン・ベーカーと出会い、彼女のヌードを描く。シャルロット・ペリアン、ピエール・ジャンヌレと家具を協働制作、「サロン・ドートンヌ」に出展。
実現計画:アジール・フロッタン(浮かぶ避難所)(フランス、パリ)
救世軍本部(フランスパリ)

1946
渡米。国連常設本部フランス代表として国連本部の敷地選定にあたる。
計画案:国連本部ビル(アメリカ合衆国、ニューヨーク)

1945
リバティーシップ号にて渡米。ハニングとともに《モデュロール》を開発する。
実現計画:マルセイユのユニテ・ダビタシオン(フランス、マルセイユ)

1942
ル・コルビュジエによるアルジェ都市計画の基本構想案が当局から却下される。セーヴル通り35番地のアトリエを再び開く。ヴィシーにおける暫定的任務の終了。パリに戻る。

1941
ヴィシーに滞在。マレシャル・ペタン元帥の政令により、国の機関として「住居および住宅建設の研究委員会」を創設する暫定的な任務がル・コルビュジエに与えられる。

1940
セーヴル通り35番地のアトリエを閉め、妻イヴォンヌ、ピエール・ジャンヌレとともにオゾン(ピレネー)に移る。ヴィシー政権は建築家のための指令を発し、オーギュスト・ペレ、ウジェーヌ・フレシネ、ル・コルビュジエの3人の資格免許非保持者に建設許可を与える。

1950
実現計画:ロンシャンの礼拝堂(フランス、ロンシャン)
計画案:チャンディガールの総督公邸(インド、チャンディガール)
出版:『モデュロール』

1960
《ラ・トゥーレット修道院》落成。東京の国立西洋美術館で「ル・コルビュジエ」展。
実現計画:カーペンター視覚芸術センター(ハーバード大学)(アメリカ、マサチューセッツ州、ケンブリッジ)

1959
《国立西洋美術館》竣工。

1958
実現計画:万博博覧会・フィリップス館(ベルリン、ブリュッセル)

1957
実現計画:ベルリンのユニテ・ダビタシオン(ドイツ、ベルリン)

1956
ボザールで教鞭をとることを拒否する。

1955
《ロンシャンの礼拝堂》の落成。東京国立西洋美術館の下見のため来日。
東京高島屋で「ル・コルビュジエ/レジェ/ペリアン」展。
実現計画:国立西洋美術館(日本、東京)文化の家(フランス、フィルミニ)出版:版画集「直角の詩」

1953
実現計画:ラ・トゥーレット修道院(フランス、エヴー)繊維業者協会会館(インド、アーメダバード)
チャンディガールの総合庁舎(インド、アーメダバード)

1952
《マルセイユのユニテ・ダビタシオン》竣工。
写真家ルシアン・エルヴェがマルセイユのユニテを撮影したのをきっかけに、以後協働する。
実現計画:チャンディガールの高等裁判所(インド、チャンディガール)
チャンディガールの美術館(インド、チャンディガール)美術館(インド、アーメダバード)

1951
初めてインドに赴く。チャンディガールとアーメダバードを訪れる。ニューヨーク近代美術館で展覧会。
チャンディガールの記念碑《聞いた手》を提示。
実現計画:キャピトル(議事堂、高等裁判所、総合庁舎、美術館)サラバイ夫人邸(インド、アーメダバード)
ショーダン邸(インド、アーメダバード)小さな休暇小屋(フランス、ロックブリュヌ・カップ・マルタン)

1965
チャンディガールの記念碑《開いた手》のスタディを再開。
地中海沿岸のカップ・マルタンで水泳中に死去。
9月1日、ルーヴル宮クール・カレにて国葬。カップ・マルタンの墓地に埋葬。

1963
実現計画:ハイディ・ウェバー・パビリオン(ル・コルビュジエ・センター)(スイス、チューリッヒ)

1962
《チャンディガールの議事堂》落成。

サヴォワ邸

ロンシャンの礼拝堂

ラ・トゥーレット修道院

アジール・フロッタンと前川國男の物語

　前川國男（1905〜1986年）は日本における近現代建築の始まりを体現する建築家と言える。まずはその前川が渡仏した時代背景を記したい。日本では明治時代になると西欧の文化・文明を多く取り入れ、西欧列国の仲間入りをしようとした。その一例が明治政府による御雇外国人であり、イギリスやフランスなどから多くの科学者や技術者が招聘され、建築分野ではイギリスから来日したジョサイア・コンドル（1852〜1920年）によりヨーロッパの古典様式建築の設計手法が導入された。その後、19世紀末あたりからヨーロッパにおいてアール・ヌーヴォーやモダニズムの動きが盛んとなった。日本にもその情報がもたらされると、多くの若き建築家たちは新しい建築の可能性に惹き寄せられ、最新情報の入手に勤しみ、自らもヨーロッパへ渡航した。

　そのような時代背景のもと前川も1928年の大学卒業と同時にフランスに渡り、ル・コルビュジエのアトリエに入っている。当時、ヨーロッパには画家・技術者を志した日本人の若者が多く滞在していた。その中でも前川はモダニズム建築を牽引していたコルビュジエのもとで3年に渡る経験を積み、「サヴォワ邸」（設計開始：1928年、竣工：1931年）の進行に携わり、「アジール・フロッタン」（リノベーション完成：1929年）では設計から工事現場までの担当者として竣工を目撃している。前川はパリの弟子時代の仲間であるアルフレッド・ロート（1903〜1998年）の著書『回想のパイオニア』日本語版（村口晴美訳／新建築社／1977年）に文章を寄稿し、「私が直接担当してやったのは……アジール・フロッタンといって、いまでもセーヌ川に浮かんでいる」と記述し、『近代建築の目撃者』（佐々木宏編／新建築社／1977年）における晩年のインタビューでは、「セーヌ川に浮かんでいるボートに『ル・コルビュジエ・ペー・ジャンヌレ』と名前を書いてこいといわれて、行って名前をつけてきた……」と述べている。前川にとっても思い入れのある作品となっているに違いない。

　今日、ル・コルビュジエ財団のアーカイブに1929年以降の図面作成者記録が残されており、その中で前川がコルビュジエのアトリエ在籍中に図面50枚ほどの作成を行ったことが、当時の図面台帳のサインから判明している。2017年に行われた「アジール・フロッタン再生展」に際してコルビュジエ財団から「アジール・フロッタン」の資料提供を受け確認したところ、その中の図面「12063」はこれまで前川の作図とされていなかった

ものであるが、パースに前川が書いたと思われる日本語のメモがあることを発見した。それは誰も指摘してこなかったメモで、やや不鮮明であるが「明けぬれば　憂しと云わん　くれぬれば」と読める。異国の地で悶々とする前川の心情が伝わってくるようで興味深い。このことを前川國男建築設計事務所OBであり、現在は京都工芸繊維大学教授として前川研究の第一人者となっている松隈洋さんに確認したところ、前川の特徴的な字に違いないとお墨付きを得た。前川のパリ滞在は長いとは言えないが、「アジール・フロッタン」のリノベーションでは設計から完成まで従事し、モダニズムの熱気の中にいた前川のパリにおける明確な足跡として見ることができる。

　帰国後の前川は精力的に設計活動を行い、日本全国に多くのモダニズム建築を残し、彼の事務所スタッフからは丹下健三（1913〜2005年）を筆頭に多くの建築家たちが輩出されている。その丹下の元からは槇文彦（1928年〜）、磯崎新（1931年〜）、黒川紀章（1934〜2007年）、谷口吉生（1937年〜）などさらに多様な建築家が育っていった。すでに前川が盛んに設計を行った時期からは50年ほどが過ぎているが、その影響は直接・間接的に今日の現代日本建築に及んでいると言っても過言ではない。若き前川がコルビュジエの元に駆けつけたことが日本の現代建築発展の遠因であり、「アジール・フロッタン」はコルビュジエと前川二人から日本建築界へ贈られた遺産とも言える。独断ではあるが、日本の現代建築は前川國男とル・コルビュジエの邂逅と「アジール・フロッタン」の現場から始まったと考えれば、これまでに見えていなかった楽しい現代建築史の一場面が広がるのではないだろうか。

前川が取り付けたコルビュジエとジャンヌレのプレート（p23の写真の部分拡大）

ル・コルビュジエのアトリエでの前川國男（中央）

前川國男作画のパース。前川が落書きしたと思われる日本語があり、「明けぬれば　憂しと云わん　くれぬれば」と読める（FLC12063）

アジール・フロッタン図面集

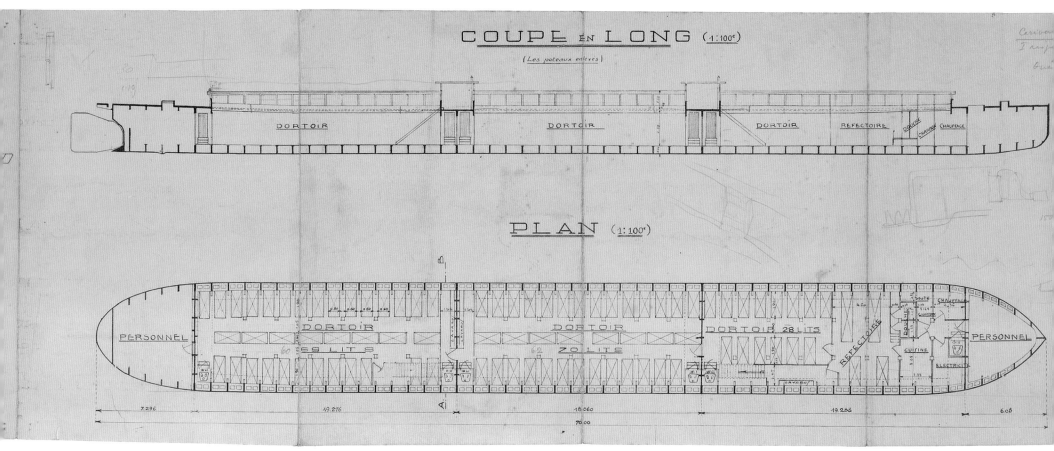

COUPE EN LONG (1:100c)

(Les poteaux enleves)

DORTOIR   DORTOIR   DORTOIR   REFECTOIRE   DOUCHE   CHARBON   CHAUFFAGE

PLAN (1:100c)

PERSONNEL   DORTOIR   DORTOIR   DORTOIR 28 LITS   REFECTOIRE   CUISINE   PERSONNEL
68 LITS   70 LITS   ELECTRICITE

7.296   19.276   18.060   19.288   6.08
70.00

初期の基本設計図。おおよそ竣工した状態に近い計画となっている。ベッドが中央部にも配置されている

38

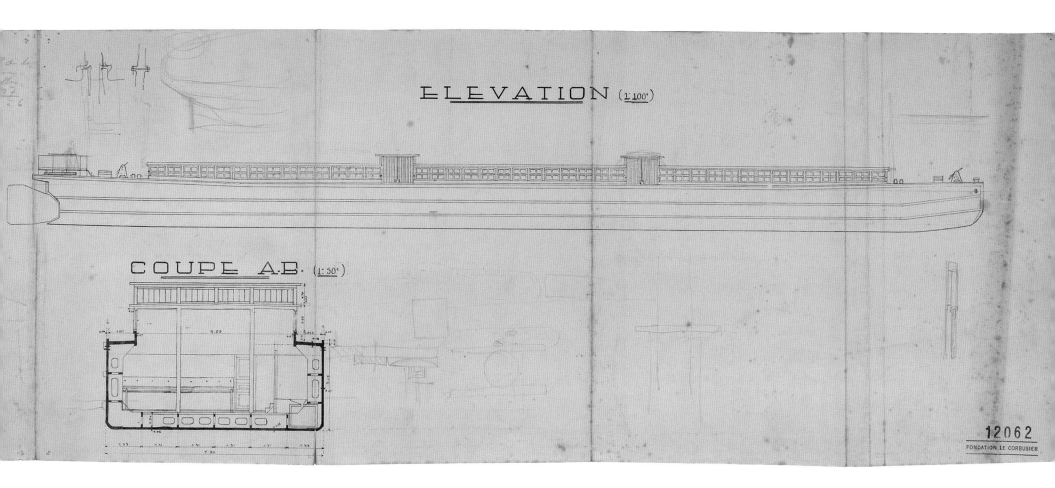

ELEVATION (1:100°)

COUPE A.B. (1:50°)

12062

COUPE

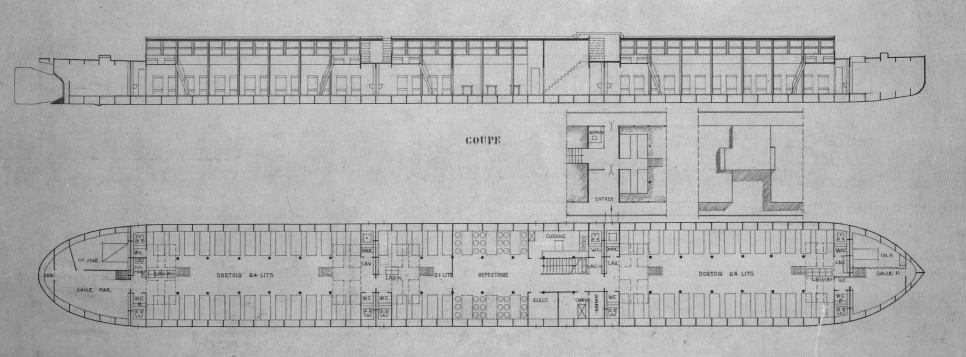

PLAN

380

26,5 tout vuul

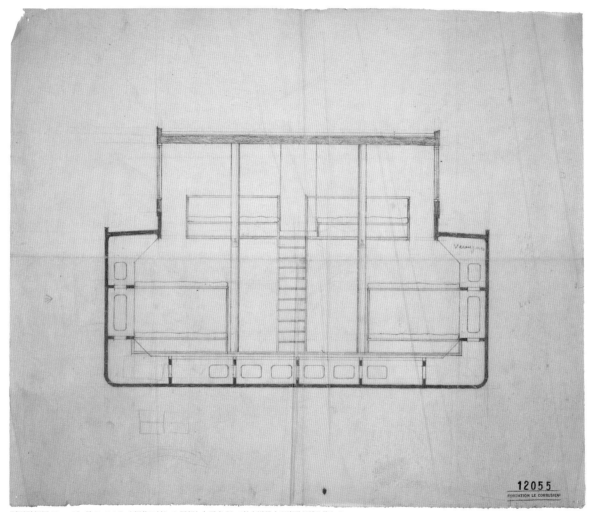

断面詳細図。リエージュ号のコンクリート躯体に対して、屋根と水平窓そして柱を増設する計画が読み取れる

側面図。着色の検討を行っている。1929年8月26日の日付がある

12060
FONDATION LE CORBUSIER

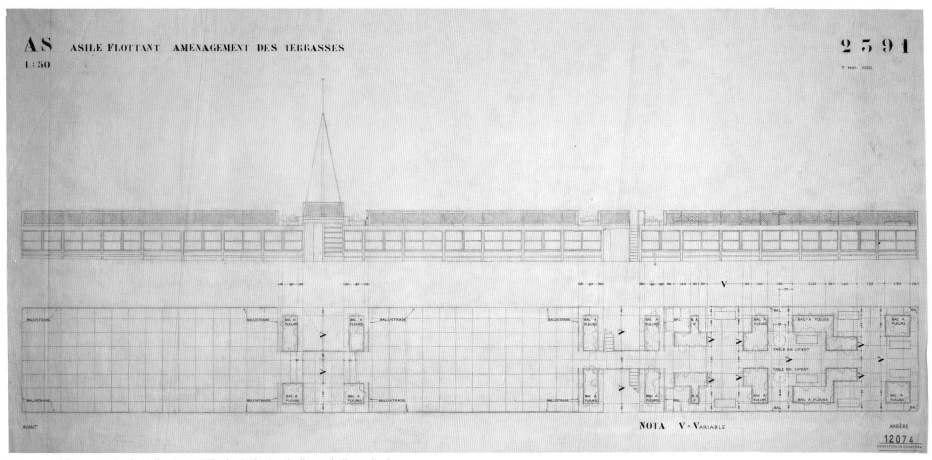

屋上庭園（近代建築5原則の一つ）の計画図。後のプランター配置に近い計画案である。竣工後の1930年5月7日の日付がある

2006-

アジール・フロッタン再生へ向けて

　1929年、救世軍の依頼によりル・コルビュジエのリノベーションが完成した。「ルイーズ・カトリーヌ号」には128台のベッドが置かれ、第1次世界大戦の戦争難民やおりしも勃発した世界恐慌による経済難民を受け入れ続けた。船内にはシャワー・トイレだけでなく電気や暖房も設置されていた。また、36席の食堂と調理室があり、パンと温かいスープなども提供されていた。1950年ごろに係留場所がセーヌ川上流のオステルリッツ高架橋の袂に移り、その後も救世軍の管理によって使われ続けた。しかし、1995年に躯体の老朽化から船底に水がたまる事件が起き、当時の行政から廃船が決定された。すぐに調査が行われ浸水の原因は設備機器の配管の故障であることが判明し、廃船の危機は回避された。この出来事から、救世軍は老朽化する船の維持を断念し、売却する方針を決めた。その後、隣の船に住んでいたフランシス・ケルテキアン氏が保存に名乗りをあげ、文化的利用を目的として救世軍は船を譲渡することになった。

有志による再生スタート

　2006年、「アジール・フロッタン」再生事業の代表者であるケルテキアン氏ら5人の有志は、1929年のリノベーション当時の姿に復元した上で、展覧会などを行うギャラリー機能を持たせるための修復プロジェクトをスタートした。この時、私に依頼されたのはこの船の修復そのものではなく、工事の予定期間である3年の間に用いられる工事用シェルターのデザインであり、同時にアジール・フロッタンの再生をセーヌ川から発信することであった。2007年にはシェルターの基本設計案「Springtecture AF」が完成し、

2005年6月に知人と初めてアジール・フロッタンを見学した時期の外観

2007年9月
右からパリ在住の古賀順子さん、船の持主であるフランシス・ケルテキアン氏、中央が筆者、その左奥が再生者5人の1人ルネ・ルノーブル氏、その左は筆者の妻・遠藤あおい

フェスティバル・ドートンヌに際し、アルスナル建築博物館で開催された展覧会（2008年12月）

フェスティバル・ドートンヌでの講演会。中央が筆者

後は難関のセーヌ川を管轄するパリ市河川管理局の許可を待つのみとなった。様々な問題解決と交渉の末、2008年にシェルター設置許可がおりた。

　パリでは毎年秋の芸術祭フェスティバル・ドートンヌが行われており、2008年は「日本年」であった。この一環としてパリ北駅の近くにあるアルスナル建築博物館においてアジール・フロッタン修復の展覧会が開催され、模型展示やレクチャーを行った。順調に再生へ向かっていると思われたが、同年、経済危機となったリーマン・ショックが勃発。世界の経済状態が下降線を辿り、想定していた寄付がキャンセルとなり、この展覧会の後からシェルター工事や修復工事への前途が見えなくなってしまった。

　直後はケルテキアン氏も途方にくれている様子だったが、翌年には売却も視野に日本での支援者を探す要請が来た。私も乗りかかった船である。日本のゼネコンやコルビュジエに関心のある人たちに「アジール・フロッタン」の相談を持ちかけたが、日本国内もリーマン・ショックの最中で良い返事をもらえなかった。パリを訪問するたびに「アジール・フロッタン」を見に行ったが、そこから数年は目立った進展もなく、2015年末に現地を訪問すると船の上に文化財に指定されたと看板が掲げられていた。すぐに関係者に連絡をすると、文化財になったことで補助金を受け、もう少しで内部の撤去工事が終わり、後は桟橋の設置が残されているのみで利用の可能性が見えてきたとのこと。このころから、ケルテキアン氏の体調が優れず、アソシエイションの一人であった建築家ミシェル・カンタル＝デュパール氏と意見交換を行うようになった。その場で、カンタル氏から1冊

の本『Avec Le Corbusier L'aventure du ＜LOUISE-CATHERINE＞』（Michel Cantal-Dupart/CNRS EDITIONS/2015）を渡され、桟橋を日本から寄付してくれないかと頼まれた。アジール・フロッタンの歴史的経緯から現在までを記した興味深い本である。桟橋の寄贈の可能性を探ると答え、私からは修復途上の内部ではあるが、魅力的なコルビュジエの空間での日本人建築家展を提案したところ、即座に快諾してくれた。

アジール・フロッタン再生展と桟橋寄贈

翌2016年から「アジール・フロッタン」のための桟橋寄贈の可能性を探ることになった。この年には、コルビュジエの7ヶ国17作品が世界文化遺産に登録され、日本での関心と認知度も大きく上がった。私の気持ちの中では桟橋寄贈への期待も大きくなった。しかし、ことはそううまく運ぶものではない。相変わらず建設業界の景気は良いとは言えず、桟橋は実現しそうにない。そんな状況もあり、カンタル氏の本の日本語訳を出してはどう

かと思い至った。「アジール・フロッタン」についてより理解が深まれば、桟橋への関心も高まると期待した。また、同時に翻訳を進めることで、私自身の「アジール・フロッタン」への理解も深まり、並行して企画する「アジール・フロッタン」を紹介する展覧会も進めやすくなると考えた。（2018年に鹿島出版会より出版『ル・コルビュジエの浮かぶ建築』）

一方、その頃、大学での設計演習作品のコンペティション「建築新人戦」の幹事を務めていた。これは関西の大学で設計教育を担う建築家が中心となって企画した大きなイベントである。このイベントに協賛をしてくれていたアーキテクツ・スタジオ・ジャパンの丸山雄平社長に、「アジール・フロッタン」についての展覧会を行いたいと相談すると快く会場を提供してもらえることになった。展示は神戸大学・遠藤研究室の学生も参加してくれて、私の事務所スタッフと一緒に開催に漕ぎ着けた。「アジール・フロッタン再生展」と銘打ち、2017年8月から東京、横浜、大阪、山口と国内4箇所を巡回した。会場には長さ14mの「アジール・フロッタン」1/5の模型を発泡スチロールで制作し、展示した。

工事期間に設置される予定だったシェルター（2008年）

この巡回の途中、山口県に工場があるアロイ社から桟橋寄贈の申し出があった。それもステンレスで制作してはどうかとのこと。なんと言うことか、こんなことが実現するとは日本も捨てたものではないと心の底から思えた。

　2017年8月から始まった東京展にはパリからカンタル氏を招聘して記念のレクチャーを行ってもらい、その会場でアロイ社の西田光作社長から桟橋寄贈の目録をカンタル氏へ手渡してもらった。また、「アジール・フロッタン再生展」を手伝ってくれた私の研究室に在籍する中国からの留学生の縁もあり、中国展を行う企画が進み、2018年には天津、瀋陽、大連、北京を巡回した。

　さらに2018年秋に船内での日本人建築家展を開催するため、建築評論家であり東北大学教授の五十嵐太郎さんへキューレーションの依頼を行った。そもそも2007年にシェルターデザインを進める途上、ケルテキアン氏との間で将来再生工事が完成した

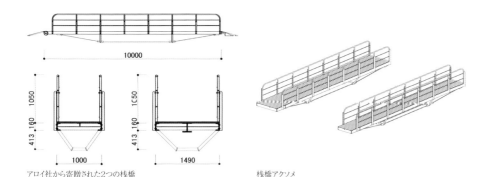
アロイ社から寄贈された2つの桟橋　　　桟橋アクソメ

アロイ社光加工センターの工場内写真と集合写真（2019年10月）

のちに日本人建築家展の開催を相談しており、その当時も五十嵐さんには簡単な相談をしていたことがこの背景にある。2017年には建築家展の企画も固まり、15名ほどの建築家に出展依頼を行っていた。また、同時に桟橋を送るための送料やその他の再生事業への支援を目的にクラウドファンディングを行い600万円の支援が集まった。支援者のみなさんに感謝申しあげる。

　これらの準備が整い、展覧会の打ち合わせも兼ねて2018年1月に、再生展への支援をしてもらった旭ビルウォールの櫻井正幸社長と一緒にパリを訪問した。2017年末からの長雨でセーヌ川の水面がだいぶ上がっていた。これまでにない増水のようだ。セーヌ川は10年に1度は大きな増水で騒ぎとなるが、近年は気候変動の影響もあってか増水の頻度が多くなってきている。110年前の1910年には記録的な増水があり、パリ市内まで水があふれ大きな被害となったこともあった。パリ市動物園でキリンが溺れ死ぬ悲惨な事故も記録されている。その後は様々な対応策も講じられ、大きな被害は発生していなかった。

受難の始まり

　パリ現地2018年2月10日午前、2017年末からのセーヌ川の増水により岸に乗り上げた「アジール・フロッタン」を川に引き戻す作業が行われていた。船体が半分ほど岸に乗り上げてしまったため、このまま水位が下がればセーヌ川に転覆してしまうことが予想された。

　川の中央からサルベージ船で引っ張り、岸からは無事離すことができた。しかし係留ロープに引っ張る力が強く反応し、反動で船体が岸に戻り衝突。岸壁にある係留用の突起物に当たって船体に穴が開き船内に水が進入した。あっという間に「アジール・フロッタン」は水面下に見えなくなってしまった。1ヶ月ほど前の1月にアジール・フロッタンを訪れたばかり。やや天候も悪く不安な印象が残っていたものの、まさかその直後にセーヌ川に呑み込まれてしまう災難が待ち構えているとは思いもしなかった。奇しくも私がアジール・フロッタンの中に入った最後の訪問者となってしまった。この知らせは、パリの古賀順子さんからのメールだった。朝、携帯メールを見ると、「大変です。アジール・フロッタンが沈んでしまいました」とある。我が目を疑うとはこのことか、画面上の文字を目で追うが頭に入ってこない。

アジール・フロッタン関連展覧会

「アジール・フロッタン再生」展　日本巡回
主催: 遠藤秀平建築研究所
共催: アーキテクツ・スタジオ・ジャパン株式会社
企画: アジール・フロッタン再生展実行委員会
助成: ユニオン造形文化財団
後援: アンスティチュ・フランセ日本
資料提供: ル・コルビュジエ財団
- -
〈東京展〉
会期: 2017年8月5日〜22日
場所: ASJ TOKYO CELL(東京都千代田区)
- -
〈横浜展〉
会期: 2017年8月25日〜9月13日
場所: ASJ YOKOHAMA CELL(横浜市西区)
- -
〈大阪展〉
会期: 2017年10月26日〜11月1日
場所: ASJ UMEDA CELL(大阪市北区)
- -
〈山口展〉
会期: 2017年12月15日〜24日
場所: やまぎん史料館(山口県下関市)
共催: 時盛建設株式会社

「アジール・フロッタン再生 —争乱・難民・避難—」
シンポジウム
招待講演: ミシェル・カンタル=デュパール
日時: 2017年8月4日
場所: 東京国際フォーラム
主催: 日本建築設計学会
助成: 笹川日仏財団

「アジール・フロッタン緊急報告映像」展
主催: 日本建築設計学会
- -
〈東京展〉
会期: 2020年12月15日〜2021年1月21日
場所: ASJ TOKYO CELL(東京都千代田区)
- -
〈大阪展〉
会期: 2021年1月24日〜31日
場所: ASJ UMEDA CELL(大阪市北区)

東京展

横浜展

大阪展

山口展

「アジール・フロッタン再生」展　中国巡回
〈天津展〉
会期: 2018年5月11日〜16日
場所: 天津市北宇文化創造センター
主催: 天津国際デザインウィーク2018
協力: 天津大学
　　　遠藤秀平建築研究所 神戸大学遠藤研究室
　　　日本建築設計学会
- -
〈瀋陽展〉
会期: 2018年8月4日〜30日
場所: 劉鴻典建築博物館
主催: 東北大学江河建築学院
共催: 遠藤秀平建築研究所 神戸大学遠藤研究室
協力: 日本建築設計学会
- -
〈大連展〉
会期: 2018年11月7日〜28日
場所: 大連市都市計画展示センター
主催: 大連理工大学建築芸術院
　　　大連市都市計画展示センター
共催: 遠藤秀平建築研究所 神戸大学遠藤研究室
協力: 日本建築設計学会
- -
〈北京展〉
会期: 2019年4月14日〜19日
場所: 北京服装学院
主催: 北京服装学院芸術設計学院
共催: 遠藤秀平建築研究所 神戸大学遠藤研究室
協力: 日本建築設計学会

「アジール・フロッタン復活」展
〈台湾展〉
会期: 2021年3月6日〜28日
場所: 田園城市生活風格書店
主催: 田園城市文化事業
共催: 日本建築設計学会
協力: 遠藤秀平建築研究所 神戸大学遠藤研究室
　　　遊墨設計

天津展

瀋陽展

大連展

北京展

セーヌ川の増水によって沈んでしまったアジール・フロッタン（2018年4月11日）

アジール・フロッタン水没、そして復活

復活プロジェクトスタート

　2018年2月10日、セーヌ川に姿を消した「アジール・フロッタン」。関係者の多くが途方に暮れ、事実を受け入れることさえ時間がかかった。しかし、なんとかしなければならない。パリで再生事業を行う有志からも日本からサポートを得られないかと依頼がきた。私は、2017年に国内4箇所で開催した「アジール・フロッタン再生展」で協力を得た方々に窮状を訴えた。誰しもがなんとかしなければと意を同じくしてくれたが、具体的な方策が見当たらない。そこで、救済メッセージを書き込んだチラシをつくり、いろんな場面で話題にした。8月に入ったころ、アーキテクツ・スタジオ・ジャパン東京セルでのイベントで暗闇に明かりが灯った。その会場に来てくれていた人の紹介がきっかけとなり、国際文化会館から浮上のための助成金が受けられる可能性が見えたのである。国際文化会館（1955年）は「アジール・フロッタン」を担当した前川國男の設計（坂倉準三と吉村順三との共同）であり、1955年には日本に来日したコルビュジエも訪問している。これらの縁もあり助成金が現実味を帯び、その後、半年近く様々な調整と書面整理を行い契約に近づいた。この助成金の受け入れは私個人ではなく、建築家であり京都大学教授の竹山聖さんを中心に多くの建築家と一緒に設立し、これまで様々なイベントを行ってきた日本建築設計学会（ADAN）との契約が前提となった。私は2006年にケルテキアン氏

からシェルターデザインを依頼されたときから遠藤秀平建築研究所（それと神戸大学遠藤研究室の学生たち）として協力をしてきたが、これ以降は「アジール・フロッタン」への協力体制が変わった。以下は浮上まで、予想外の連続となる「アジール・フロッタン」に起きた事態を時系列に沿って記す。

想定外への順調な船出

　2019年3月に公益財団法人国際文化会館と一般社団法人日本建築設計学会との間で、「アジール・フロッタン」の浮上と修復を行う事業の正式契約が成立した。翌4月よりプロジェクト委員会を設立し「アジール・フロッタン復活プロジェクト」が本格的にスタートした。

　セーヌ川に沈んだ鉄筋コンクリート船を引き揚げる、しかもそれが外国からの支援により実施するなど前代未聞である。しかし当時、私自身はこの未知へのチャレンジをそんなに難問だとは思っていなかった。それよりも13年ほど再生に関わってきた「アジール・フロッタン」が沈んでしまった状態から目をそらすわけにはいかない、できることを行い前に進めるしかないと思い込んでいた。まずは、当初想定していた理想のスケジュールを書いておきたい（追って明らかになるが、この予定通りには全く進まない）。まず2019年夏まで

セーヌ川の水位が下がった際に撮影（2019年12月）

に調査を行い、その間に諸手続きを済ませ、秋には浮上工事を行う工程を考えていた。もちろん根拠もない想定ではなく、旧知のパリの建築家フランク・サラマ氏に相談し、何度も事前協議を行った。そうしたパリでの情報収集をした上でのスケジュール立案であった。

2019年4月早々、プロジェクト委員会で現地視察などのためパリに飛ぶ。「アジール・フロッタン」のオーナーと復活プロジェクトの契約を行う目的であった。2005年当初、野球に例えるなら私はあくまで外野の応援団であり、この船を再生し未来へ引き継ぐ役割はパリにいるオーナーであった。しかし、今回は実行委員会のメンバーとともにオーナーを支援し浮上を実行するためグラウンドに乗り込む契約となる。具体的には助成金を元に、日本で浮上のための各種の基本設計を行う。調査や諸手続き、実施設計はフランスの専門家に発注し、遠隔で管理していく。

パリに到着早々、凱旋門近くにある橋本明弁護士事務所に向かい、船を相続し現在の持ち主であるアリス・ケルテキアンさんと面談を行い、事前に確認していた書類にサインをした。儀式が終わると、アリスさんの妹が会議途中で姿を消し、買ってきてくれたシャンパンで乾杯した。アリスさんが「遠藤さんはなぜこんなにも船に支援をしてくれるのか?」と問いかけてきた。前川國男が担当したことや2006年にアリスさんのお父さんから工事用シェルターを依頼されたことなど様々な想いが脳裏をよぎったが、「乗りかけた船を降りるわけには行かない」という人生訓が日本にはあることを紹介した。通訳の古賀順子さんがうまく伝えてくれたのだろう、橋本弁護士を囲み一同が笑顔となった。

オーナーとの契約後はル・コルビュジエ財団を訪問し、今後のプロジェクトを報告し協力を要請した。ブリジット・ブーヴィエ館長は、今後もできる限りの協力をすると力強い約束をしてくれた。その後、プロジェクトチーム一行でカップマルタンに行き、「アジール・フロッタン」の今後をコルビュジエの墓前で報告した。

浮上に立ちはだかる縦割り制度

2019年5月に入り、潜水調査を実施した。これは浮上工事を行う前提として、潜水調査により工事中の安全を確認しなければならないというセーヌ川運行局からの指導である。安全が確認できれば浮上工事を行うことができ、船としての運行許可書も受けら

れる。潜水調査の結果、船体に大きな損傷はないが、バスケットボールほどの穴が2箇所ほどの穴があり、ここからの浸水が原因で水没したことが判明。潜水調査により浮上工事の安全性が検証され、次はコンサルタントに浮上工事立案を発注する。ちなみに、様々な交渉はできる限り私がパリに出張して行ったが、パリ在住の古賀順子さんにも代理として多くの仕事をしてもらってきた。

7〜8月はバカンスの季節。パリではこの間、なにも仕事が動かない。9月になりコンサルタントが立案した浮上計画(この時点の計画ではなんとか秋の終わり11月に浮上工事を行う予定であった)に基づき、入札形式で7社から見積もりを取ることになった。しかし、入札に応じてくれたのは2社のみであった。製造から100年も経過する鉄筋コンクリート船、それもこの時点で1年半の間沈んだ状態である。誰もがリスクが高いと考えて当然である。10月になったころ、2社から1社を選び浮上工事会社が決まった。いよいよ浮上が見えてきたと思ったところ、DRAC(地域文化行政局)から船が浮上中に転覆する危険があると指導が入った。さらにこの問題への対応として、船の建築家と呼ばれる専門家のレポートを提出しなければならないことが判明した。なんとか数少ない船の建築家を探し出し交渉するも、意見の食い違いから何度もやり取りすることとなり、依頼から1ヶ月してやっと転覆の可能性は無いという結論のレポートが出て、ようやくDRACへ報告書を出すことができた。また、近隣の船主たちへ工事の合意も取らなければならなかったが、隣接する7隻の船主たちは「アジール・フロッタン」の船の浮上を待ち望んでいると快く合意してくれた。

2019年11月も末になり、浮上工事にむけて複数の機関と同時に協議を進めた。文化財を管轄するDRAC、セーヌ川岸と川の管理を担当するパリ市河川管理局、セーヌ川の船の管理を担当するセーヌ川運行局、ル・コルビュジエの著作権を管理するル・コルビュジエ財団も協議に参加し、なかなか複雑である。また、転覆問題解決を受けてDRACからの最終許可が出る会議が予定されたが、このころから黄色いベスト運動(断続的に行なわれているフランス政府への抗議運動)が大きくなり、パリ市内でも暴動へと発展し、この会議が延期となってしまった。やや不穏な雰囲気に包まれ始めたが、このころオーナーの水没時工事費の不払いによる裁判問題、そして同じく水没によ

る電気代と岸辺係留費の未払いが発覚した。裁判に関してオーナー側の言い分は、事故であろうが沈めてしまった仕事に費用は払わない、沈んだ船で電気は使っていないから払う義務はない、などもっともな話でもあるが、これで通用するのか不信感が募った。そのころ、中国の武漢で新型コロナウイルス発生のニュースが流れていた。

浮上をはばむ新型コロナウイルス

2020年1月に入り、またもセーヌ川の水位が上昇。再び甲板が水没し見えなくなってしまった。我々もやや不安になりながらパリ市内での騒動が収まるのを待つよりしかたなかった。新型コロナウイルスにより中国では武漢が都市封鎖となり、日本ではダイヤモンド・プリンセス号船内でのウイルス感染が大きな問題となった。2月になるとDRACから工事承認が出され、日本から船で輸送されてきた桟橋（東京のステンレス加工会社のアロイ社から寄贈されたもの）もアントワープに到着し、やや前途が明るく感じられた。先に決まっていた浮上会社からもいよいよ工事乗り込みの準備を始めると連絡が入り、期待が高まってきた。

4月上旬には浮上するであろうと関係者の間ではカウントダウンが始まる。後はセーヌ川河川局の工事承認であるが、これも3月6日に内諾がありいよいよ着工かと思ってい

た矢先、12日WHOのパンデミック宣言、コロナウイルスの蔓延により17日にパリ市ではロックダウン（第1回）が実施された。工事は延期となり、これで先行き不透明なトンネルにまたも入ってしまった。2019年秋の浮上どころか翌年春になってもできない。日本でも2020年4月16日緊急事態宣言が出される。実はこの復活プロジェクトの一環で、本来船の中で2018年に開催予定であった日本人建築家展をこの5月13日からパリ日本文化会館で「かたちが語るとき」展として、五十嵐太郎さんのキュレーションで開催する予定であった。パリ在住の飯田真実さん、日本側では石坂美樹さんの懸命なサポートで実現に漕ぎつけたものだったが、これも延期となってしまった。

突如、船の所有者に指名される

2020年6月。コロナウイルスの拡大の最中でも、前年末より問題となっていたオーナーサイドの裁判が進行しており、オーナーの会社SAS Louise Catherine（簡易株式会社ルイーズ・カトリーヌ）の清算が決定となった。なんとしたことか、船主の会社がなくなってしまった。我々のプロジェクトはどうなるのか、またも大きな問題が発生した。商業裁判所の方針では競売となるらしく、1〜2年はプロジェクトの進展は無理ではないかとの憶測が流れる。そこで裁判所に対し水没した船の安全を早く回復する必要などをアピー

フランス・オルレアン市のFRACサントル＝ヴァル・ド・ロワールで開催された「かたちが語るとき—ポストバブルの日本建築家たち（1995-2020）」展（2020年10月16日〜）。展覧会冒頭でアジール・フロッタンの模型なども展示された

ルし、ル・コルビュジエ財団も一早い船の浮上を訴えるレターを書いてくれた。8月、それらが功を奏したのか、紆余曲折の末、裁判所から債務を支払うことで日本建築設計学会が船を所有管理するものとして指名を受けることになった。先行き不透明感は否めないが、これで船の浮上を進めることができる。しかし、なんと言う顛末か、船主になってしまった。一刻も早い船の浮上を実現しなければならない。浮上工事担当会社に状況の説明と工事の可能性を打診し、何度かやりとりを行う。フランスにおける新型コロナウイルスの感染者数もやや下降しはじめた時期だった。9月末に10月7日着工の工程表を受け取る。10月19日が浮上のタイミング、運命の日。やっと浮上工事を実施することができる。また、延期となった「かたちが語るとき」展の巡回先であるオルレアンのFRACサントル=ヴァル・ド・ロワールでのオープニングが10月15日と近いので、浮上工事とともに現地確認ができると喜んだ。

　2020年9月に入り、毎日新型コロナウイルスの状況を見守るが、フランス・日本ともに感染者が増えつつある。10月5日、フランスでは危険度のレベルアップが発表される。五十嵐太郎さんと一緒にオルレアンの展覧会オープニングで挨拶するためチケットを手配し準備万端。国内では海外旅行を控える空気のなか渡仏を断行する気持ちであったが、翌6日に断念する。

「かたちが語るとき」展では1960年以降に生まれた35組の日本人建築家（バブル経済崩壊以後に本格活動を始めた世代）を紹介する。彼らはコルビュジエの元に弟子入りした前川國男（1905〜1986年）から半世紀ほど後に生まれた孫やひ孫世代である。この世代の建築家の作品を、主に模型により海外で紹介する画期的な展覧会であるが、残念ながらオープニングのスピーチはレターとなってしまった。

10月19日、運命の日

　浮上工事は予定どおり19日朝9時（現地時間）からポンプ排水作業開始。13時ごろには無事浮上した。日本時間では夕方17時から21時ごろで、逐次映像を送ってもらった。また、パリにあるNHKヨーロッパ総局も浮上の様子を実況中継してくれた。モニターの画面越しでなんとも不思議な感じだが、約1万kmも離れたパリで無事浮上する様子をリアルタイムで確認することができた。水没から2年10ヶ月の月日が経過したが、浮上は4時間ほどのあっという間の出来事。終わってみるとなんとあっけないことか。浮上を直に見ることができなかったこともあるが、実感が今一つ湧いてこない。翌日の朝のNHKニュースで現地の様子が紹介され、リモートでコメントをしている自分の顔を確認。現地のカメラマンが持つモニターに映る自分の顔をテレビ画面で見るという奇妙な

泥の搬出作業の様子

船底から石炭運搬船当時の石炭とスコップが発見された

体験となった。

　多くの人から「アジール・フロッタン」の浮上を共に喜ぶ声を聞き、ようやく浮かんだとの気持ちが強くなってきた。浮上後、現地では船底にたまった泥の搬出が続いていた。送られてきた映像では、さながら雨の戦場で戦う兵士のように見える。作業をしていただいた皆さんに感謝である。そして、なんと30日から2回目のパリ市ロックダウン。工事続行を心配したが問題なく進めることができた。そして泥との格闘の終盤には、船底から石炭が11個とスコップ1本が発見された。当時の貴重な痕跡である。復元後は船内に展示したい。11月末には船内の洗浄も終わり、パリ市のロックダウンも段階的に解除され日常を取り戻しつつあった。

　12月からは夜間の外出禁止令が出されていたが、船の本格調査が始まった。今回の調査では文化財建築家（歴史的建造物の保存、修復、再生に関する専門教育を修了した建築家）を中心に構造エンジニアなどが参加し、多様な項目の調査が2021年春ごろまで行われる。現在は2週間に1回、今ではすっかり定着したZoom会議により現地確認を行っている。思い返せばこの1年間、パリを訪問していない。2019年までは年4回ほどは訪問していたので、隔世の感がある。今後、いつになれば現地を訪問できるのか全く予想ができない。できれば一刻も早くパリに行き、船内の空気感を実感したいと思う。

　現在のウイルスが蔓延する状況では、同じく我々だれしもが感染難民となる状況だと言える。入るべき病院がみつからない。自宅に軟禁状態となる。それは難民予備軍である。「アジール・フロッタン」は戦争難民や経済難民を受け入れるためにリノベーションされたが、コロナ禍において「アジール・フロッタン」が復活したことの意味には、今後の我々の生き方を考えるための手がかりがあるのではないかと思える。

復元後の活用

　調査が終われば、それに基づいたコンクリート躯体の修復計画を作成しなければならない。これらもフランスの文化財建築家と協働し、工事設計を作成する。先述のDRAC含め多くのステークホルダーと協議、承認後にようやく施工会社への発注とな

る。現時点の見通しとしては2022年から本格工事となり、同じく復元設計のプロセスを経て2023年中の公開を目指している。コロナ禍をはじめ想定外の出来事の連続で、復活プロジェクトのスタート時の目論見とは随分予定がずれてしまった。今後も直面するであろう多くの問題を克服し、早くオープンに辿り着きたい。

　復元後の具体的な活用イメージは、船全体が3つのコンパートメントで構成されていることから、船首の空間は1929年のコルビュジエのオリジナルデザインへ復元し、ベッドが並んでいる当時の状態を体験できる空間とする。中央部は救世軍が運営していた時はレストランだった。今後はレセプション機能として、訪問者の受け入れやコルビュジエの資料展示、そしてドリンクなどを提供できる場としたい。最後に船尾は、展示が行えるイベントスペースとして日仏の建築家展、デザインやファッションなどのイベントのために貸し出す。今後も復元後も運営資金が必要となるが、この企画スペースのイベント利用料により維持費の捻出や寄付を募り、安定的な運用を目指したい。修復と復元にはまだ数年を要するであろうが、今後の世界のあり方を想定しながら活用の可能性を設定し、奇しくも船主となったコルビュジエの建築を活かしながら、日仏交流の場として後世に引き継ぎたい。

修復後の外観イメージ（神戸大学遠藤研究室・坂口大賀が2019年、パリのフランク・サラマ事務所インターン中に作成）

2005-2021
アジール・フロッタン定点観測

2005年6月

2008年2月

2018年1月

60

2018年3月

2021年2月10日

2008年2月

2018年2月10日

2018年4月18日

2018年7月15日

2021年2月21日

おわりに

　「アジール・フロッタン」に初めて足を踏み入れた2005年から15年以上が経過した。この間に様々なことがあり、当時では予想もしない展開となって、現在は「アジール・フロッタン」を、維持・管理する立場になっている。15年は短くはないと言えるが、思い返すと本当にあっという間の出来事に感じる。それも、この船に関連して、次々とあまりにいろんな出来事が起きたからなのかもしれない。石炭船としてつくられ100年が経ち、難民のためにリノベーションされ、後世に残すため再生に着手され、その途上で水没。そして再び浮上。

　私の日常は、建築設計と大学での活動で時間に追われてきたが、アジール・フロッタンに会うため時折訪れるパリは楽しいひと時であった。しかし、水没以降は決して楽しいとは言えない2年10ヶ月を過ごした。また、この辛い期間は、私を応援してくれる多くの人との出会いの時でもあった。近年、日本社会の後ろ向きな姿勢を見ることが多く、未来への希望を見失いかけていた。そんななかであっても力強い支援が多くあり、この国にも可能性は残されていると実感することができた。応援していただいた方々の名前をあげればきりがない。様々な場面で協力していただいた皆さんに感謝を申しあげたい。

　また、工事用シェルターのデザインに取り組んだ2007年から神戸大学で教えるようになり、「アジール・フロッタン」と併走してきた15年だった。欲張りな二足の草鞋のようだが、「設計活動」「神戸大学」「アジール・フロッタン」と三足の草鞋である。そんなことができたのは、公私にわたるパートナー、遠藤あおいのおかげである。この場を借りて感謝を記したい。

　そしてこの本が出るころ、大学での活動を一旦リセットする。当面はフットワークを優先し二足歩行をするつもりだ。

アジール・フロッタン工事用シェルター2021案（CG作成協力：神戸大学遠藤研究室／塚越仁貴・上山寛之）

2021年3月

遠藤秀平

完成状態に近いパース。ルーブル宮殿の南側のセーヌ川岸から見る。遠景にノートルダム大聖堂の尖塔がある（FLC12059）

遠藤秀平(建築家/神戸大学大学院教授)
1960年　　　滋賀県生まれ
1986年　　　京都市立芸術大学大学院修士修了
　　　　　　石井修/美建・設計事務所
1988年　　　遠藤秀平建築研究所設立
2007年〜　神戸大学大学院教授　天津大学/東北大学(瀋陽)客員教授

アジール・フロッタンの奇蹟Ⅱ ―セーヌ川の氾濫とコロナ禍を超えて―

2021年3月31日　第1刷発行

著　　　者: 遠藤秀平
写真・図版: 前田宏(表紙, p.49, pp.54-59)　スターリン・エルメンドルフ(pp.2-13, p.21中下)　Katya Samardzic(p.14, p.27右)
　　　　　　遠藤秀平(p.21上/中上, pp.44-47, p.53, p.60, p.61下左, p.62)　古賀順子(p.21下, p.48, p.52, p61下左以外)
　　　　　　ル・コルビュジエ財団(pp.22-26, p.27左, pp.28-43, p.63)　パリ救世軍(p.22, pp.33-34)　Nicolas Brasseur(p.51)
企　　　画: Echelle-1　下田泰也
企画協力: 一般社団法人日本建築設計学会(ADAN)
デザイン: フジワキデザイン　藤脇慎吾　澤井亜美
編　　　集: 石坂美樹
校正協力: 古賀順子　髙取万里子
特別協力: ル・コルビュジエ財団
　　　　　　アソシエイション アジール・フロッタン ADAN(AAFA)
Specialthanks: 公益財団法人国際文化会館　公益財団法人笹川日仏財団　公益財団法人河野文化財団　公益財団法人窓研究所
　　　　　　一般財団法人ユニオン造形文化財団　一般社団法人日本文化デザインフォーラム　アンスティチュ・フランセ日本
　　　　　　ア　キテクツ・スタジオ・ジャパン株式会社　旭ビルウォール株式会社　株式会社新井組　株式会社アロイ
　　　　　　積水ハウス株式会社　中西金属工業株式会社　日鉄建材株式会社　ルネサンス・フランセーズ日本代表部　パリクラブ
　　　　　　遠藤秀平建築研究所　神戸大学遠藤秀平研究室　飯田真実　藤井章弘　岸本郁

発　行　人: 馬場栄一
発　行　所: 株式会社建築資料研究社
　　　　　　〒171-0014 東京都豊島区池袋2-10-7 ビルディングK 6F
　　　　　　TEL 03-3986-3239
印刷・製本: 図書印刷株式会社

本書は、ル・コルビュジエ財団が保有する資料の提供を受けています
Archives de la Foundation Le Corbusier

アジール・フロッタン復活プロジェクト ホームページ
http://www.asileflottant.net/